多媒体技术
与应用案例教程

吕君可 /主编

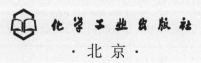

化学工业出版社

·北京·

内 容 简 介

本书以文字、声音、图像、动画、视频等常见多媒体素材为线索，通过案例的分析和设计，用图解的方法介绍各类素材的处理技术及多媒体作品设计方法。主要内容包括 Flash 动画制作、Photoshop 图像处理、视频编辑 Camtasia Studio 和音频编辑 Audition。

本书可作为高等院校计算机及相关专业师生多媒体技术课程的教材和相关课程的参考书，也可作为从事多媒体技术研究、开发和应用人员的参考用书。

图书在版编目（CIP）数据

多媒体技术与应用案例教程/吕君可主编.—北京：
化学工业出版社，2021.10（2025.2重印）
ISBN 978-7-122-39857-4

Ⅰ.①多…　Ⅱ.①吕…　Ⅲ.①多媒体技术-教材
Ⅳ.①TP37

中国版本图书馆CIP数据核字（2021）第178240号

责任编辑：张　蕾　　　　　　　　装帧设计：史利平
责任校对：张雨彤

出版发行：化学工业出版社（北京市东城区青年湖南街 13 号　邮政编码 100011）
印　　装：涿州市般润文化传播有限公司
710mm×1000mm　1/16　印张 14¾　字数 295 千字　　2025 年 2 月北京第 1 版第 3 次印刷

购书咨询：010-64518888　　　　　　售后服务：010-64518899
网　　址：http://www.cip.com.cn
凡购买本书，如有缺损质量问题，本社销售中心负责调换。

定　　价：69.80 元　　　　　　　　　　　版权所有　违者必究

前▶言

  随着计算机技术的飞速发展，多媒体技术的应用已经融入到我们的学习、工作和生活中。了解多媒体技术并掌握其相关应用，成为了当代大学生应该具备的基本素质。本书依据普通高校教学大纲的教学目标及相关要求，结合多媒体技术相关软件的技能目标，采用"理论＋案例"的组织方式对多媒体技术进行讲解，以案例为主线，辅以相关理论，力求使读者在掌握多媒体技术的同时获得应用的能力。本书适合作为高校相关专业课程的教学用书，也可以作为多媒体技术应用的社会培训教材和广大多媒体爱好者的参考书籍。

  全书分为四章，每章包含若干个案例，通过案例设计了解任务的具体要求，知识要点展示了实现任务的基本技能，操作过程为自主学习提供了详细的过程。通过学习，读者可自然掌握多媒体技术的相关技能和应用能力。具体内容如下。

  第一章 Flash CS6 动画制作。本章以动画类型为主线，通过案例，全面系统地介绍软件的基本使用、场景设计、逐帧动画、补间动画、引导动画、遮罩动画、3D、骨骼动画等动画的制作，以及元件、声音、ActionScript 使用等内容，循序渐进地提高读者的动画设计能力和实际应用能力。

  第二章 Photoshop CC 2018 图形图像处理。本章结合绘图工具，通过案例，介绍了 Photoshop 的基本操作、广告设计、Banner 设计、APP 图标制作、图像处理、图形设计等内容，由浅入深提升读者的图形图像设计能力和处理能力。

  第三章 Camtasia Studio 2019 视频处理。本章以微视频制作技术为主线，通过案例的设计与实现，介绍 CS 软件的基本知识与操作、视频的录制、媒体资源的管理、语音编辑、转场与动画、标题与字幕、交互视频设计、视频生成与分享等后期制作，清晰地展示了视频制作的总体技术思路、方法以及制作流程。

  第四章 Audition CC 2019 音频编辑。本章以 Audition CC 2019 版本为例，通过综合案例，介绍软件的基本使用、音频的单轨编辑、多轨合成与 CD 音频制作等内容。使读者快速了解音频基础知识，提升读者的音频编辑处理、合成的能力。

　　本书获浙江师范大学行知学院教材建设基金立项资助，由浙江师范大学行知学院计算机教研室、绍兴文理学院元培学院、金华职业技术学院等共同策划与组织，编写成员为吕君可、倪应华、于莉、吴建军、王丽侠、马文静、方蓉、孙家宝、杨婷等，他们都是长期从事计算机多媒体课程教学的一线教师。全书由浙江师范大学行知学院吕君可老师负责统稿并担任主编，课程视频由吕君可、于莉等制作，金华职业技术学院方蓉老师也参与了教材部分内容的撰写。在本书编写过程中，学院的相关领导也给予了大力支持和帮助，在此表示感谢。

　　由于作者水平有限，不妥之处在所难免，敬请各位同行和广大读者批评指正。

编者

2021 年 6 月

目▶录

第三章

Camtasia Studio
2019视频处理

164

第四章
Audition CC 2019
音频编辑

——
207

第一章
Flash CS6动画制作

Flash 是一款功能强大的二维矢量动画制作软件，是当前最受欢迎的动画工具之一。它的应用领域十分广泛，无论在普通计算机、手持数码设备或者家电上，都可以看到 Flash 动画的身影。Flash 广泛应用于网页设计、广告、网络动画、多媒体教学软件、游戏、产品展示和电子相册等领域。

目前 Flash 的最新版本已更名为 Animate CC，本章中所使用的版本为 Flash CS6，设计的案例同样适合于 Animate CC 环境。

1. 矢量图和位图

Flash 是一个矢量软件，但由于在制作 Flash 动画作品中经常会用到各种位图图像，因此，简单介绍一下两种图形。

■ 矢量图

矢量图是由一个个单独的点构成的，每一个点都有各自不同的属性，如位置、颜色等，它的清晰度与分辨率的大小无关。因此，当用户对矢量图进行缩放时，图形会保持原有的清晰度和光滑度。

矢量图的特点是文件所占的空间小，下载方便，缺点是不适合表现色彩丰富或色调变化细腻的内容。

■ 位图

位图是由像素构成的，它的显示质量和文件大小由像素的多少决定，图像的分辨率越高，清晰度就越高，同时所占的空间也就越大，对位图进行放大时，放大的只是像素点位，图像的四周会出现锯齿状。

在制作 Flash 作品时，会根据需要选择是否调用外部的位图，或将导入的位图转化为一定质量的 Flash 矢量图进行再次处理。

2. 认识工作环境

运行 Flash 软件后，将显示如图 1-1 所示的界面，下面着重讲解该界面中几个重要的构成元素。

注意： 按 F4 键可以隐藏所有的工具箱以及面板等界面元素，再次按 F4 键即可重新显示。

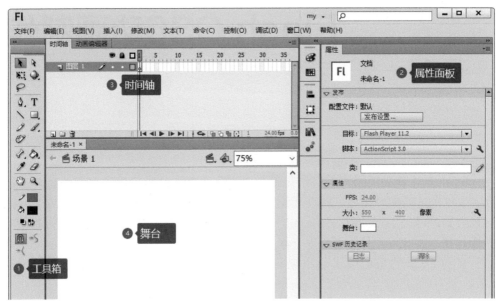

图1-1 Flash窗口界面

■ 工具箱

Flash 的绘图工具箱默认在主界面的左侧。通过工具箱中的不同工具，可以轻松地绘制出各种动画对象，还可以进行编辑和修改。绘图工具箱主要包括 4 个部分：选择工具区、绘图工具区、颜色填充工具区、选项区，如图 1-2 所示。

■ 面板

Flash 中包含了多个面板，如"属性"面板、"库"面板、"颜色"面板等，它们涵盖了 Flash 大部分的常用和核心功能。

要显示这些面板，在"窗口"菜单中选择相对应的命令即可，再次选择对应命令可以隐藏面板。

■ 时间轴

"时间轴"面板用于组织和控制文件内容在一定时间内播放，按照功能的不同，"时间轴"面板分为左右两部分，即层控制区和时间线控制区，如图 1-3 所示。时间轴主要由图层、帧和播放头组成。

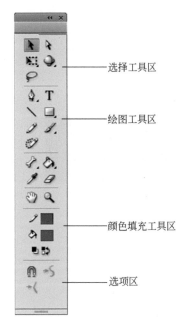

选择工具区

绘图工具区

颜色填充工具区

选项区

图1-2　Flash绘图工具箱划分

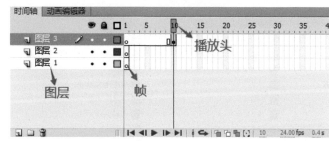

播放头

图层　　帧

图1-3　时间轴面板

■　场景和舞台

场景是所有动画元素的活动空间，在一个 Flash 文件中，像多幕剧一样，可以创建多个场景。

中间默认的白色区域就是舞台，每一个场景都有一个独立的舞台。舞台是制作和观看 Flash 动画的区域，舞台上显示的总是当前选择帧中的内容。在舞台上可以放置各种动画对象，比如矢量图、按钮、导入的位图和视频剪辑等，每一帧画面中的对象只有放置在舞台上，动画播放时才能正常显示出来。

在 Flash 中，用户可以根据自己的喜好布置工作界面，并将其保存为自定义的工作界面。如果在工作一段时间后，工作界面变得凌乱了，可以选择调用自定义工作界面的命令，将工作界面重置以恢复至自定义后的状态，如图 1-4 所示。

图1-4　重置工作区

3. 文档的基本操作

■ 创建文档

双击打开 Flash 软件，如图 1-5 所示，单击欢迎屏幕中的"从模版创建"或"新建"区域内选择需要新建的文档类型，即可创建一个 Flash 文档。

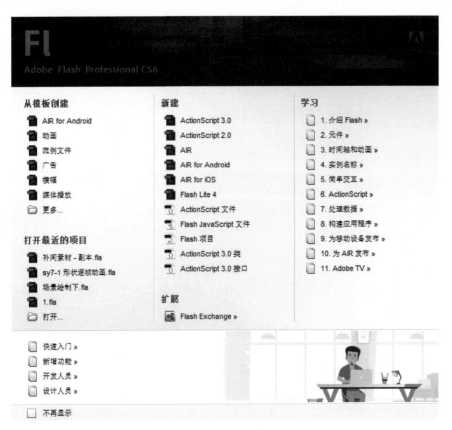

图1-5　创建文档

■ 保存文档

选择"文件"→"保存"命令，即可将 Flash 文档保存为 *.fla 格式的文件。

Flash 中一个完整的动画文件，包括两种格式，一个是源文件，格式为"*.fla"，另一个是浏览文件，格式为"*.swf"，后者只作为浏览动画使用，不能够编辑。选择菜单"控制"→"测试影片"命令，在浏览的同时即可将动画自动保存。

■ 输出影片

Flash 中可以输出多种格式的影片，通过单击菜单"文件"→"导出"→"导出影片"命令，在弹出的对话框中，在"保存类型"下拉列表中可以选择多种格式的输出，下面介绍常用的几种影片格式。

① SWF 影片：SWF 是网页中最常见的影片格式，它是以 swf 为后缀的文件，具有动画声音和交互等功能，它需要在浏览器中安装 Flash 播放器插件才能观看。

② Windows AVI：Windows AVI 是标准的 Windows 影片格式，是一种在视频编辑应用程序中打开 Flash 动画的格式。由于 AVI 是基于位图的格式，因此如果包含的动画很长或者分辨率比较高，文件就会非常大，而且将 Flash 文件导出为 Windows 视频时，会丢失所有的交互性。

③ WAV 音频：将动画中的音频对象导出，并以 WAV 音频格式保存。

在"声音格式"选项中，可以设置导出声音的取样频率、比特率以及立体声或单声。

④ JPEG 图像：将 Flash 文档中当前帧上的对象导出为 JPEG 格式位图文件。JPEG 格式图像为高压缩比的 24 位位图，适合显示包含连续色调的图像。

⑤ GIF 动画：网页中常见的动态图标大部分是 GIF 动画形式，它由多个连续的 GIF 图像组成，Flash 动画时间轴上的每一帧都会变为 GIF 动画中的一幅图片。GIF 动画不支持声音和交互，比不含声音的 SWF 动画文件要大。

⑥ PNG 序列：PNG 是一种可以跨平台支持透明度的图像格式。

第一节　绘制天气图标

 案例设计

在设计过程中以天空蓝为主色调，采用云朵造型设计，直接点名主题。采用颜色叠加，结合雨滴造型，凸显天气变化莫测的特点。整个图标简洁明了，又能烘托出图标特色，案例效果如图 1-6 所示。

图1-6　天气图标

 知识要点

1. 图层

图层就像是含有文字或图形等元素的胶片，一张张按顺序叠放在一起，组合起来形成页面的最终效果。如图 1-7 所示，图层在时间轴左侧，每个图层中包含的帧显示在该图层名右侧的一栏中。

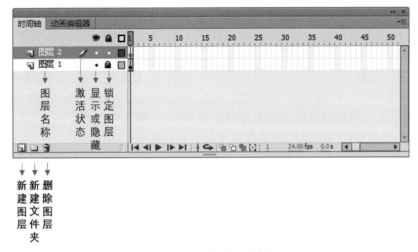

图 1-7 "时间轴"面板

一个 Flash 文档往往由多个图层自上而下组成。在每一个图层上都可以利用绘图工具绘制图形，或者将外部导入的图形图像放置其中。播放指针的位置指出了某一时刻看到的帧画面，其实就是由多个图层画面叠加后的总体效果。将动画中的不同对象放置在不同的图层中，彼此互不干扰，有利于动画的管理和维护。

如果要绘制、上色或者对图层或文件夹进行修改，需要在时间轴中选择该图层或文件夹以激活。时间轴中图层或文件夹名称旁边的"铅笔"图标标志 ✏，表示该图层或文件夹处于激活状态。

若要隐藏或锁定当前不使用的图层，可以在时间轴中单击图层名称旁边对应的"眼睛" 👁 或"锁"的图标 🔒。

单击"将所有图层显示为轮廓"图标 ⬚，所有图层中的对象将只显示为轮廓，再次单击该图标可以取消轮廓化显示所有图层的状态。

注意：一次只能有一个图层处于激活状态。

■ 新建图层

在"时间轴"面板中，选择"新建图层"或者在右键菜单中选择"插入图层"

命令，即可在当前图层上方创建一个空图层。

■　删除图层

单击选择需要删除的图层，在"时间轴"面板中，单击"删除图层"按钮，或者在右键菜单中选择"删除图层"命令，即可删除该图层。

■　图层命名

选中图层，单击鼠标右键，在弹出的快捷菜单中选择"属性"，在名称中输入图层名称，或者双击图层使之处于编辑状态，直接输入图层名称。

2. 绘图模式

当使用绘图工具进行图形绘制时，需要注意绘图模式的选择。在 Flash 中提供了两种绘图模式：对象模式和分离模式。这两种模式可以通过工具箱左下方的"对象绘制"开关 ◙ 来选择，选中为对象模式，没有选中为分离模式，如图 1-8 所示。

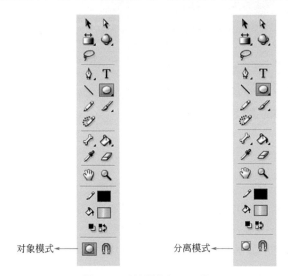

图1-8　"绘图模式"开关

当使用对象模式时，绘制出来的图形四周有一个选框，图形之间是相对独立的，只有双击进入对象内部才可以编辑；而采用分离模式绘制的图形可以直接编辑。如图 1-9 所示，当新绘制的图形（椭圆）与原来的图形（圆形）重叠时，新的图形将取代下面被覆盖的部分，用"选择工具" ▶ 将椭圆移开后，原来被覆盖的部分就会被裁切掉。

3. 笔触和填充颜色

工具箱中"笔触颜色"选项 ✐▪ 用于设置图形中线条的颜色。单击铅笔后面的色块按钮时，会弹出如图 1-10 所示的颜色面板，同时鼠标指针变成吸管状。

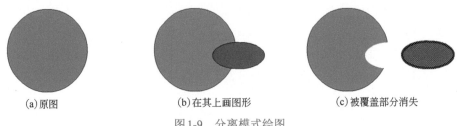

(a)原图   (b)在其上画图形   (c)被覆盖部分消失

图1-9   分离模式绘图

16进制颜色值   不透明度

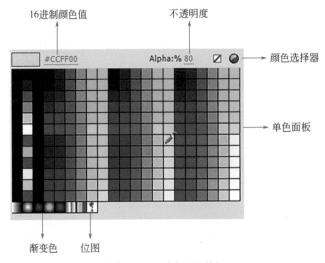

颜色选择器

单色面板

渐变色   位图

图1-10 "选色"面板

在"选色"面板上可以选择单色、渐变色或位图。

单击图 1-10 中右上角的 ☑ 按钮，可将笔触颜色设置为无色。

单击图 1-10 中的 ⬤ 按钮，将打开"颜色选择器"对话框，以自定义的方式定义笔触颜色。

在"选色"面板的"不透明度"数值框中输入百分比值，以确定颜色的透明度。

工具箱中"填充颜色"选项 ♠□ 用于设置图形内部颜色的填充。在 Flash 中，可以设置填充色为纯色、渐变色和位图。

如果填充色选择渐变色时，使用菜单"窗口"→"颜色"命令，可打开"颜色"面板编辑渐变填充色，如图 1-11 所示。渐变类型包括线性渐变和径向渐变两种。在"颜色"面板上，单击渐变色控制条上的某个色标（选中的色标尖部显示为黑色），可利用选色器、Alpha 选项等设置该色标的颜色和不透明度。在渐变色控制条的下面单击可增加色标，左右拖动可改变色标的位置，向下拖动色标可将该色标删除。

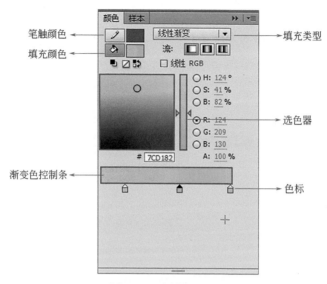

图1-11 "颜色"面板

 案例实现

【Step1】打开 Flash 软件，选择新建"ActionScript 3.0"选项，创建一个空文档。

【Step2】在"时间轴"面板中将"图层 1"重命名为"背景"，选择"椭圆工具" 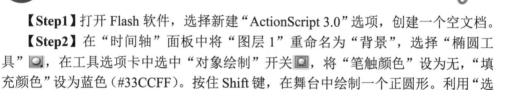，在工具选项卡中选中"对象绘制"开关 ，将"笔触颜色"设为无，"填充颜色"设为蓝色（#33CCFF）。按住 Shift 键，在舞台中绘制一个正圆形。利用"选择工具" ，按住 Alt 键的同时移动该圆形到合适的位置，进行圆形复制。用同样的方法复制出多个圆形，将复制出来的图形叠放效果设置成如图 1-12 所示。

【Step3】单击"时间轴"面板下方的"新建图层"按钮，创建新图层，并将该图层命名为"云层"。利用 Step2 中的方法在该图层中绘制多个白色的圆形，其叠放效果如图 1-13 所示。

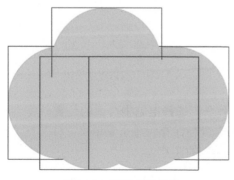

图1-12 圆形叠放效果

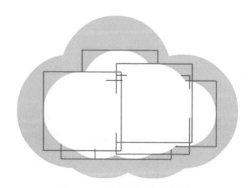

图1-13 "云层"叠放效果

【Step4】单击"时间轴"面板下方的"新建图层"按钮,创建新图层,并将图层名称改为"雨",图层布局如图1-14所示。

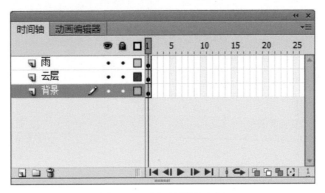

图1-14 时间轴图层布局

【Step5】选择"线条工具" ＼,在"属性"面板中将笔触颜色设为白色,笔触高度为3,其余参数设置如图1-15所示。

【Step6】在"雨"图层中绘制多个线条,摆放效果如图1-16所示。天气图标绘制完成,按【Ctrl+Enter】组合键即可查看效果。

图1-15 线条工具属性设置

图1-16 图标摆放效果

【Step7】单击菜单"文件"→"保存"命令,选择电脑中合适的位置,将当前文件以文件名为"天气图标",格式为"*.fla"进行保存。单击菜单"文件"→"导出"→"导出图像"命令,导出格式为"*.png"的图片。

第二节　场景绘制

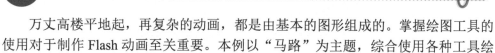

案例设计

　　万丈高楼平地起，再复杂的动画，都是由基本的图形组成的。掌握绘图工具的使用对于制作 Flash 动画至关重要。本例以"马路"为主题，综合使用各种工具绘制马路场景，案例效果如图 1-17 所示。

图1-17　案例效果

知识要点

1．选择工具

　　"选择工具"  的基本功能，主要是选择和移动对象，除此之外还可以调整线条的形状。

　　单击：在对象上单击可选择对象，在对象外的空白处单击可取消对象的选择。对于完全分离的矢量图形（假设填充色和笔触色都不是无色），在图形内部单击可选中图形的填充区域，在图形的边界上单击可选中图形的边界线条。

　　双击：在矢量图形的内部双击，可选择整个图形，包括填充区域和边界线条。

　　将鼠标指针移到未选中的、分离的矢量图的边线上，当鼠标指针旁边出现弧线时，拖动鼠标，可改变图形的形状，如图 1-18（a）所示。

　　在拖动图形的边线前按下 Ctrl 键，则可使图形局部产生尖突变形，如图 1-18（b）所示。

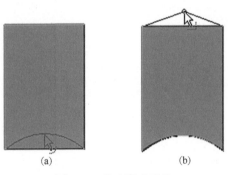

图1-18 修改图形形状

2. 任意变形工具

"任意变形工具"▒可以方便地改变图形形状，使用它可以对选中的图形进行缩放、旋转、倾斜、翻转等变形操作。

要执行变形操作，首先要选择图形中需要变形的部分，再选择"任意变形工具"，此时在选定图形的四周会出现一个带控制点的边框，拖动边框上的控制点就可以实现图形的大小、形状等的改变，如图1-19（a）所示。

如果要旋转图形，可以将鼠标指针移动到四个边角控制点的外侧，当出现旋转图标↻的时候，按下鼠标左键，沿顺时针或逆时针方向移动鼠标，就可以执行旋转，如图1-19（b）所示。

如果要斜切图形，可以将鼠标指针移动到控制框4条边中间的控制线边上，当指针变成⇔或‖形状的时候，沿水平或竖直方向移动鼠标，就可以执行倾斜变形，如图1-19（c）所示。

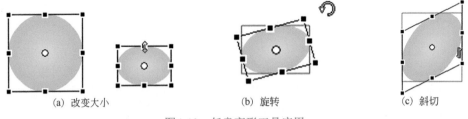

(a) 改变大小　　　　　　(b) 旋转　　　　　　(c) 斜切

图1-19 任意变形工具应用

此外，使用"任意变形工具"还可以对矢量图和完全分离的文本、完全分离的位图等进行扭曲 ⬚ 和封套 ⬚ 的变形操作。具体操作方法类似，读者可以自行尝试。

3. 渐变变形工具

"渐变变形工具"▨可以改变选中图形的颜色填充渐变效果。

注意：当图形填充颜色为纯色时，无法使用该工具。

如图 1-20 所示，当图形填充色为线性渐变色时，选择"渐变变形工具"，用鼠标单击图形，会出现三个控制点和两条平行线，向图形中间拖动方形控制点，渐变区域将缩小。当鼠标指针放置在旋转控制点上，拖动旋转控制点，可改变渐变区域的角度。

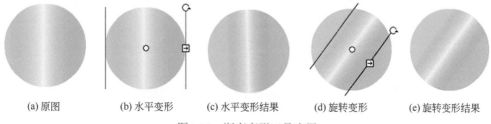

(a) 原图　　(b) 水平变形　　(c) 水平变形结果　　(d) 旋转变形　　(e) 旋转变形结果

图 1-20　渐变变形工具应用

 案例实现

1．创建文档

【Step1】打开 Flash 软件，选择新建"ActionScript 3.0"选项，创建一个空文档。

【Step2】在文档"属性"窗口中设置舞台大小为"700×400"像素，背景色为灰色（#999999），其余参数设置如图 1-21 所示。

图 1-21　文档属性

2．绘制马路

【**Step1**】修改"图层1"名称为"马路"。选择"矩形工具" ▢，打开"对象绘制"模式开关 ◙，设置填充色为"#666666"，绘制一个"700×110"像素大小的矩形，摆放在舞台下方合适的位置，效果如图1-22所示。

图1-22 "马路"矩形图

【**Step2**】新增"斑马线"图层，选择"矩形工具"，在该图层中绘制一个填充色为白色、笔触为无的小矩形。选择矩形，单击 ▦ 图标或单击菜单"窗口"→"变形"命令，打开"变形"面板，如图所示，将矩形设置水平倾斜25°，舞台中摆放效果如图1-23所示。

(a) 矩形倾斜设置

(b) 矩形效果

图1-23 矩形倾斜设置及效果

【**Step3**】利用"选择工具"选择白色矩形，按住【Alt+Shift】键向右拖拽矩形，进行水平复制。重复操作，使其横向铺满舞台。然后选中所有的白色矩形，按【Ctrl+G】键组合成一个整体（或单击菜单"修改"→"组合"命令），效果如图1-24所示。

【**Step4**】绘制"斑马线"。利用"矩形工具"，关闭"对象绘制"开关，绘制一个合适大小的白色的矩形，按【Alt+Shift】键向下拖拽进行垂直复制，直到纵向铺满"马路"。效果如图1-25所示。

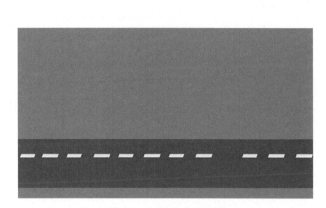

图1-24　"马路"分割线　　　　　　　　图1-25　矩形"斑马线"

【Step5】利用同样的方法，绘制一个长度超过"斑马线"的蓝色矩形。然后，选择"任意变形工具"，将鼠标移动到蓝色矩形上边沿，当出现⇦图标的时候，按住鼠标，水平向右拖动，进行倾斜。最后将其与"斑马线"摆放到一起，如图1-26（a）所示。

【Step6】选择"选择工具"，点击其他区域取消选择蓝色矩形，再点击选择蓝色矩形，按住鼠标，往外移动蓝色矩形，裁切掉"斑马线"左侧部分区域。

【Step7】选择蓝色矩形，单击菜单"修改"→"变形"→"水平翻转"命令，将蓝色矩形水平翻转并摆放到如图1-26（b）所示位置，按Delete键删除蓝色矩形，裁切掉"斑马线"右侧部分区域，效果如图1-26（c）所示。最后使用"任意变形工具"调整好大小，将"斑马线"摆放到"马路"上合适的位置，效果如图1-27所示。

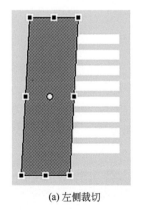
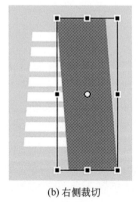

(a) 左侧裁切　　　　　　　　(b) 右侧裁切　　　　　　　　(c) 效果

图1-26　"斑马线"制作

图1-27 "斑马线"效果

3. 绘制红绿灯和天空

【Step1】新增"红绿灯"图层。利用"基本矩形工具"和"椭圆工具"绘制红绿灯。注意，绘制正圆时需要按住 Shift 键。为了突出红灯的视觉效果，在"颜色"面板中设置 Alpha 值，适当降低绿灯和黄灯的颜色透明度，具体参考效果如图 1-28 所示。

图1-28 红绿灯

【Step2】在"斑马线"图层上方新增"天空"图层，这一层主要用到"渐变变形工具"和颜色的渐变填充。绘制一个无线条、蓝色填充、大小为"700×245"像素的矩形。打开"颜色"面板，选择"线性渐变"，颜色过渡参考效果如图 1-29 所示。利用"渐变变形工具"调整渐变方向和范围，填充好的效果如图 1-30 所示。

【Step3】新增"云"图层，绘制白云。这一层使用"椭圆工具"和"任意变形工具"来实现，具体过程可以借鉴天气图标案例。绘制好一朵云之后，进行复制，然后利用"任意变形工具"进行大小调整，效果如图 1-31 所示。

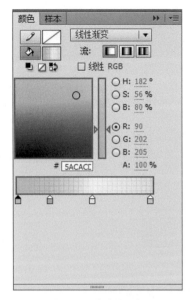

图1-29 渐变设置

图1-30 天空效果

图1-31 云朵效果

4. 绘制其他装饰

【Step1】新增"建筑"图层。选择"Deco 工具"，如图 1-32 所示，在"属性"面板的"绘制效果"中，选择"建筑物刷子"，高级选项中选择"随机选择建筑物"。

【Step2】在舞台中按住鼠标左键进行拖动，刷出随机的建筑。注意，建筑的高度取决于鼠标移动的距离。然后根据效果，修改建筑，双击即可进入某一幢"建筑物"的编辑状态。建议将建筑顶上的天线删除。改完后，将每个建筑按【Ctrl+G】键组合成一个整体，方便选择，效果如图 1-33 所示。

【Step3】新增图层"花"，选择"Deco 工具"，利用同样的方法，设置好相关属性，在建筑旁边绘制一些花朵，效果如图 1-34 所示。

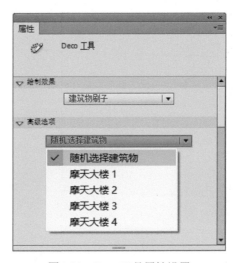

图1-32　Deco工具属性设置

图1-33　随机建筑装饰效果

图1-34　随机绘制的花效果

【Step4】绘制"马路"下方的花朵。选择"椭圆工具" 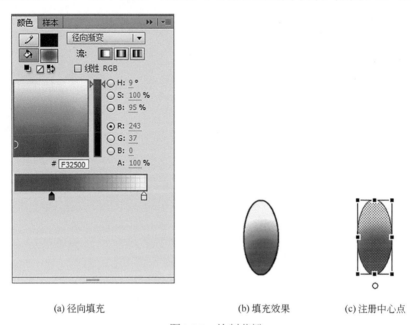，绘制一个椭圆，打开"颜色"面板 ，设置填充类型为"径向渐变"，填充颜色设置如图1-35(a)所示。选择"渐变变形工具"，调整椭圆的填充方向和范围，效果如图1-35（b）所示。选择"任意变形工具"选中椭圆，将变形中心点移到椭圆下方，如图1-35（c）所示。

(a) 径向填充　　　　　(b) 填充效果　　　　　(c) 注册中心点

图1-35　绘制花瓣

【Step5】打开"变形"面板（菜单"窗口"→"变形"），设置旋转角度为60°，单击5次"重制选区和变形"图标 ，快速复制出其他的花瓣，如图1-36所示。

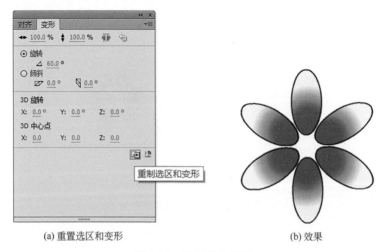

(a) 重置选区和变形　　　　　　　　(b) 效果

图1-36　绘制其余花瓣

【Step6】在花瓣中心绘制一个圆形，利用"刷子工具" ✐ 在圆中绘制一些大小不一的小黑点，如图 1-37（a）所示。然后利用"钢笔工具" ✎ 绘制枝条 1-37（b），利用"椭圆工具"和"选择工具"绘制"叶子"，效果如图 1-37（c）所示。

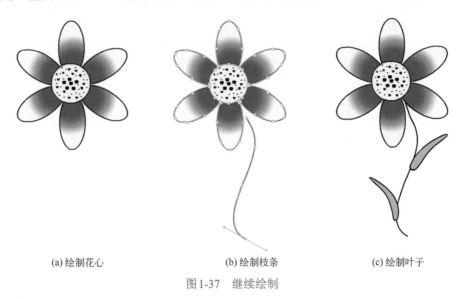

(a) 绘制花心   (b) 绘制枝条   (c) 绘制叶子

图1-37　继续绘制

【Step7】利用"选择工具"选择整朵花，单击鼠标右键，在弹出的快捷菜单中选择"转换为元件"命令，创建一个类型为"图形"，名称为"花"的元件。将"花"元件复制两次，调整它们的大小和位置，并将它们摆放到一起，效果如图 1-38 所示。

图1-38　花造型

【Step8】如图 1-39 所示，在"属性"窗口中修改两朵小花实例的色彩样式，选择自己喜欢的颜色，调整好的效果如图 1-38 所示。然后将这三朵花按【Ctrl+G】

进行组合，按【Alt+Shift】水平移动鼠标进行复制，使其铺满舞台下方，参考效果如图 1-40 所示。

图1-39　色彩设置

图1-40　花朵摆放效果

【Step9】新增"公交车"图层。选择"基本矩形工具" ，绘制一个矩形圆角半径左上角为 20 像素、右上角为 40 像素的矩形，参数设置如图 1-41（a）所示，然后设置颜色填充为"线性渐变"，设置的颜色效果参考如图 1-41（b）所示。

【Step10】利用类似的方法，采用"线条工具""椭圆工具""矩形工具"绘制车窗、方向盘、车轮等，最终效果如图 1-42 所示。

【Step11】新增"气球"图层。这一层主要用"椭圆工具""选择工具""矩形工具"来绘制。参考效果如图 1-43 所示。场景绘制完成，按【Ctrl+Enter】组合键即可查看效果。

(a) 参数设置　　　　　　　　　　　　(b) 填充效果

图1-41　基本矩形绘制

图1-42　公交车效果

图1-43　场景最终效果

时间轴图层布局如图 1-44 所示。

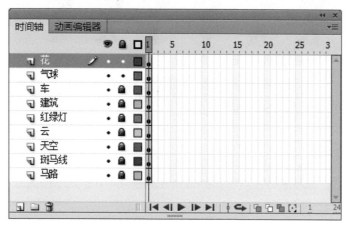

图1-44　时间轴图层布局

 第三节 **逐帧动画**

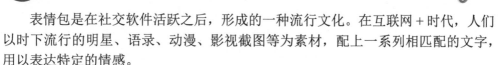
案例设计

　　表情包是在社交软件活跃之后，形成的一种流行文化。在互联网＋时代，人们以时下流行的明星、语录、动漫、影视截图等为素材，配上一系列相匹配的文字，用以表达特定的情感。

　　本案例在设计过程中，以卡通人物为造型，结合文字效果，以逐帧动画的技术实现"点赞"动画。整个案例分解为人行走、点赞和文字动画三部分。

知识要点

1. 动画原理

　　逐帧动画是 Flash 中一种常见的动画类型，其原理就是在"连续的关键帧"中分解动画动作，也就是在时间轴的每帧上逐帧绘制不同的内容，使其连续播放而成动画，如图 1-45 所示。由于是一帧一帧的设计画面内容，所以逐帧动画具有非常大的灵活性，几乎可以实现任何想表现的内容。

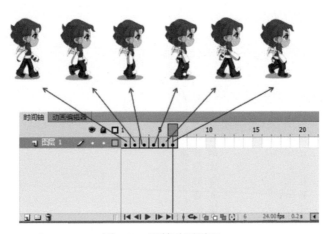

图1-45　逐帧动画原理

2. 帧

如图1-46所示，帧是时间轴中的最小单位，一格代表一帧，也就是一个静态画面，不同的帧对应不同的时刻。动画中帧的数量和播放速度决定了动画的长度。

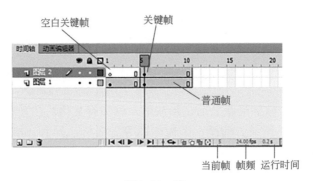

图1-46　帧

■ 关键帧

在动画制作过程中，在某一时刻需要定义对象的某种新状态，这个时刻所对应的帧称为关键帧。关键帧是画面变化的关键时刻，决定了Flash动画的主要动态。关键帧数目越多，文件就越大，因此对于同样内容的动画，逐帧动画的体积要比其他类型的动画大。

在外观上，关键帧上有一个实心圆点或空心圆圈，实心圆点是有内容的关键帧，也就是实关键帧；无内容的关键帧，也就是空白关键帧，用空心圆圈表示，按F7键即可插入一个空白关键帧。每层的第一帧默认为空白关键帧，可以在上面创建内容，一旦创建了内容，空白关键帧就变成了实关键帧。

插入关键帧的方法：选择某一帧，单击鼠标右键，在弹出的快捷菜单中选择

"插入关键帧 / 插入空白关键帧"命令，对应的快捷键为 F6/F7。

■　普通帧

普通帧也称为延长帧，对前一个关键帧的内容起到延长显示时间的作用，在时间轴中显示为一个矩形单元格。无内容的普通帧显示为空白单元格，有内容的普通帧显示出一定的颜色，例如静止关键帧后面的普通帧显示为灰色。

关键帧后面的普通帧将继承该关键帧的内容，例如制作动画背景，就是将一个含有背景图案的关键帧的内容沿用到后面的帧上，这在动画制作中是经常用到的一种手法。

插入普通帧的方法：选择某一帧，单击鼠标右键，在弹出的快捷菜单中选择"插入帧"命令，快捷键为 F5。

■　过渡帧

过渡帧实际上也是普通帧，过渡帧中包含了许多帧，但其前面和后面要有两个关键帧，即起始关键帧和结束关键帧。起始关键帧用于决定动画主体在起始位置的状态，结束关键帧用于决定动画主体在终点位置的状态。

在 Flash 中，利用过渡帧可以制作两类补间动画：运动补间和形状补间。不同颜色代表不同类型的动画。

■　选择帧

在时间轴上单击某一帧即可选择该帧；如果要选择多个连续的帧，可以按住 Shift 键并单击其他帧；要选择多个不连续的帧，可以按住 Ctrl 键并单击其他帧；按住鼠标左键，在图层的时间轴上进行拖动，可以将鼠标划过的帧都选中。

3. 创建方法

■　用导入的静态图片建立逐帧动画

将 JPG、PNG 等格式的静态图片连续导入 Flash 中，就会建立一段逐帧动画。

■　逐帧绘制矢量图形建立动画

用鼠标或压感笔，在场景中一帧帧的画出帧内容。

■　文字逐帧动画

用文字作为帧中的元件，实现文字跳跃、旋转等特效。

■　导入序列图像

可以导入 GIF 序列图像、SWF 动画文件或者利用第三方软件（如 Swish、Swift 3D 等）产生的动画序列。

4. 帧频

帧频就是动画播放的速度，以每秒播放的帧数（FPS）为度量单位，默认的帧频是每秒 24 帧，能够满足在网页或 Flash MTV 等领域的播放需求，也可以在制作动画时根据需要进行调整。

5. "库"面板

"库"面板是 Flash 装载各类对象的容器，包括导入的视频、位图以及自己创建的元件等对象。这样就可以方便地进行管理，节省动画的空间。"库"面板中的对象可以被无限制地使用，需要用到其中的对象时，直接将其拖拽到舞台中即可。

选择菜单"文件"→"导入"→"导入到库"命令，可以将外部的图形、图像等文件导入到当前文档的"库"面板中。

"导入到舞台"命令，可以将外部的图形、图像等文件导入到舞台的同时，导入到"库"面板中。

 案例实现

1. 导入素材

【Step1】打开 Flash 软件，选择新建"ActionScript 3.0"选项，创建一个空文档。

【Step2】单击菜单"文件"→"导入"→"导入到舞台"命令，弹出"导入"对话框。打开文件夹，文件夹中一共提供了 8 幅画面来刻画人走路的 8 种姿态，选择第一幅图打开。系统提示"此文件看起来是图像序列的组成部分。是否导入序列中的所有图像？"，单击"是"命令。导入完成后，就可以在"库"面板中看到导入的位图图像，如图 1-47 所示。

图 1-47　导入到库面板中的位图

此时，如图 1-48 所示，图层 1 中自动创建了 8 个关键帧，一帧对应着一幅画面。这种动画就叫做逐帧动画。

图1-48　关键帧

【Step3】选择菜单"控制"→"循环播放"命令，打开"循环播放"选项，按回车键测试影片。

此时，播放头不停地从第 1 帧播放到第 8 帧，给我们的视觉造成了人在走路的动画效果。

2. 调整走路速度

动画速度可以通过两种方法来修改，一种方法是调整文档属性中的帧频，比如把 24FPS 改成 12FPS，速度就减慢了一半；第二种方法是在帧频不变的情况下，通过调整每一帧的显示时间来延长动画。

这里我们选择第二种方法。选择第一个关键帧，单击鼠标右键，在弹出的快捷菜单中选择"插入帧"命令，在第一个关键帧后插入普通帧，快捷键为 F5。利用同样的方法给 8 个关键帧分别添加两个普通帧。此时，时间轴效果如图 1-49 所示。

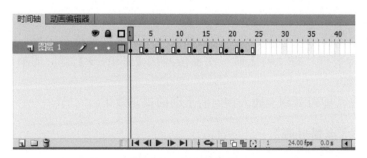

图1-49　时间轴效果

3. 制作"往前走"动画

【Step1】打开"时间轴"面板上"编辑多个帧"命令▣，选择"图层 1"中所有的帧，利用"选择工具"将所有人物移到左侧合适的位置，如图 1-50 所示。操作完成后，取消"编辑多个帧"状态。

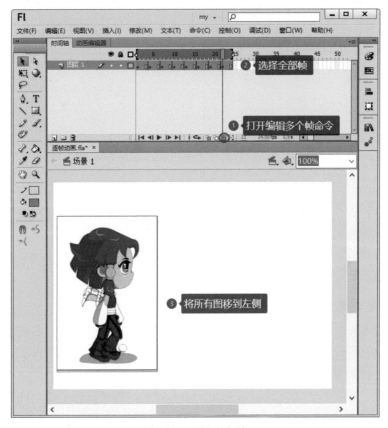

图1-50　编辑多个帧

【Step2】依次调整第 2 帧到第 8 帧中每幅画面的位置。选择第 2 帧，按【Shift+→】键两次，使之向右水平间隔移动一定距离；选择第 3 帧，按【Shift+→】键四次，依此类推，每个帧比前一次多按两次【Shift+→】键，调整后面第 4 ～ 8 帧图片的位置。

播放动画，即可看到卡通人物向前走动的视觉效果。

4. 制作"点赞动画"

【Step1】选择"图层 1"中的第 40 帧，按 F5 插入普通帧。单击"图层 1"中图标🔒下对应的小点▪，加锁"图层 1"。新增"图层 2"，在第 25 帧处单击鼠标右键，在弹出的快捷菜单中，选择"插入空白关键帧"命令，然后导入第二个素材到舞台中，如图 1-51 所示。

【Step2】选择素材文件，选择菜单"修改"→"位图"→"转换位图为矢量图"命令，弹出如图 1-52 所示的对话框，将其转化为矢量图。

图1-51 第二个素材   图1-52 转换为矢量图

单击菜单"修改"→"变形"→"水平翻转"命令，进行水平翻转。

【Step3】利用"套索工具" ，选择男孩的整个右手臂，按【Ctrl+G】键进行组合；然后，选择身体其余部分，按【Ctrl+G】键进行组合，组合情况如图 1-53 所示。选择整个人物，将其移到舞台外。

图1-53 人物组合、摆放效果

【Step4】在"图层 2"的第 27 帧处插入关键帧，快捷键为 F6，改变小男孩位置，将其向左移到舞台边缘，第 29 帧处插入关键帧，将男孩再往左移一点距离。第 29 帧处界面如图 1-54 所示。

【Step5】在"图层 1"和"图层 2"的第 40 帧处按 F5 插入普通帧。在"图层 2"的第 31 帧处按 F6 插入关键帧，利用"任意变形工具"向上旋转右手臂，同样的方法在第 33 帧、第 35 帧、第 37 帧、第 38 帧处插入关键帧，并调整每个关键帧的手臂形态。图 1-55 分别为第 29 帧、第 31 帧、第 33 帧时的状态。

图1-54 第29帧效果图

(a) 第29帧　　　　　　　(b) 第31帧　　　　　　　(c) 第33帧

图1-55 第29帧、第31帧、第33帧的人物

5. 制作"文字动画"

【Step1】新增"图层3"，在第29帧处插入空白关键帧，利用"文字工具" **T** 输入文字"赞"，用"任意变形工具"旋转文字。利用同样的方法在第33帧、第35帧、第37帧、第38帧处插入关键帧，并调整每一帧文字的角度。图1-56分别为第29帧、第31帧、第33帧的画面效果。

(a) 第29帧　　　　　　　(b) 第31帧　　　　　　　(c) 第33帧

图1-56 第29帧、第31帧、第33帧的画面

最终时间轴关键帧的设置如图1-57所示。

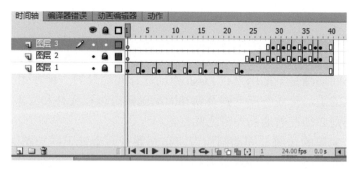

图1-57 最终时间轴关键帧设置

【Step2】按【Ctrl+Enter】测试影片，实现"男孩要求点赞"的动画效果。

第四节 传统补间动画

 案例设计

　　自然界中我们经常会看到美丽的蝴蝶，本例以蝴蝶为元素，采用传统补间动画技术，设计一段和谐的风景的动画，效果如图 1-58 所示。

图1-58 案例效果

 知识要点

1. 关于补间

补间是 Flash 中非常庞大的一个动画制作手法，它可以通过设置相应的参数，调整帧与帧之间元素的属性变化，比如位置、大小、颜色以及透明度等，从而实现各种动画效果。

从创建动画的形式上来看，可以分为传统补间动画、补间形状动画和补间动画三种，传统补间动画是早期用来在 Flash 中创建补间动画的一种方式。

需要注意的是，传统补间动画及新补间动画都可以在元件和文本之间创建，而补间形状动画则必须在普通的图形之间创建。

对于一个完整的传统补间动画而言，它需要有两个处于同一图层中的关键帧，其中必须且只能存在一个元件或文本对象。

动画创建过程：在两个关键帧之间的任意帧上单击鼠标右键，在弹出的快捷菜单中，选择"创建传统补间"命令即可，如图 1-59 所示。

图 1-59 "创建传统补间"命令

创建好的传统补间动画显示为蓝色背景，且关键帧之间会有一个从左往右的箭头，从而实现从一个关键帧过渡到另一个关键帧的动画。

创建这个动画时需要注意：

■ 两个关键帧的内容必须是组合对象或元件实例，它们为同一个对象，可以设置位置、颜色、透明度、大小等属性的不同。常见的旋转、放大、缩小、直线运动、淡入淡出等类型的动画，都可以使用传统补间动画来实现。

■ 即使创建动画的元素不是元件或组合对象，当单击"创建补间动画"命令时，Flash 也会自动将两个关键帧上的对象转化为图形元件。

2. 元件

元件是构成 Flash 动画的一个非常重要的元素。

使用 Flash 制作动画通常都有一定的流程：首先要制作好影片中需要使用的元件，然后在舞台中将元件实例化，并对元件进行适当的组织和编排，最终完成影片的制作。合理地使用元件和库资源，可以提高影片制作的工作效率。

元件一旦被创建，就会被自动添加到库中，并可以被重复使用。元件主要有图形、按钮和影片剪辑三种类型。

■ 图形元件：这是最常用的元件，一般是静态图形或不需要进行交互控制的动画片段，图标为 🖼。图形元件的动画效果受到主场景帧数的影响，也就是只有在主场景帧数大于或等于该元件所具有的动画帧数时，才可以看到完整的动画效果。

■ 按钮元件：在影片中创建交互按钮，或者利用按钮来响应鼠标动作，如单击、双击等，图标为 👆。由于按钮元件可以定义并感知鼠标在该元件上方的状态，因此如果希望某一动画具有感知鼠标状态的功能，也可以将该元件定义为"按钮"

型元件。

■　影片剪辑元件：相当于一个独立的小影片，包括交互式控件、声音，甚至其他影片剪辑实例，图标为 。影片剪辑元件不论主场景的帧数是多少，元件的动画效果都能够完整播放。

元件创建方法：选择菜单"插入"→"新建元件"命令，弹出"创建新元件"对话框，在类型下拉框中选择元件的类型，单击"确定"按钮，即可创建一个新的元件。此时舞台会切换到元件的窗口，窗口中间的十字，代表元件的中心定位点。

如果在舞台上已经创建好了矢量图形，并且以后还要再次应用，可将其转化为图形元件。

方法：选中矢量图形，然后单击鼠标右键，在弹出的菜单中选择"转换为元件"命令，此时会弹出"转换为元件"对话框，在名称文本框中输入元件名称，在类型下拉列表框中选择"图形"选项，单击"确定"按钮，即可完成转换，此时在"库"面板中将显示出转换好的图形元件，如图1-60所示。

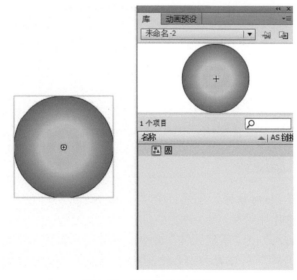

图1-60　右键转换为元件

实例：将元件从"库"面板中拖到舞台后的统一名称。一个元件可以创建多个实例，每一个实例都具有该元件的属性。同时，每个实例都可以通过"属性"面板修改其位置、大小、颜色等内容。

注意：编辑元件会相应地在影片中更新它的所有实例，但对元件实例的单独修改和编辑，只会更新该实例而对元件本身没有任何影响。

在实际应用中，元件和实例的类型是可以改变的。

要改变元件的类型，需要按【Ctrl+L】键或单击菜单"窗口"→"库"命令，显示"库"面板，然后在要改变类型的元件上单击鼠标右键，在弹出的菜单中选择"属性"命令，在弹出对话框的类型下拉菜单中选择新的类型，然后单击"确定"按钮退出对话框即可。

要改变实例的类型，可以在"属性"面板的顶部进行设置，选择实例，在图1-61所示的面板中，选择下拉菜单中不同的类型即可进行修改。

图1-61 "属性"面板

注意： 修改元件的类型不会影响舞台中对应实例的变化；反之，修改实例的类型也不会对库中的元件产生影响。

★ 小例子：风扇旋转

【Step1】打开 Flash 软件，创建一个"ActionScript 3.0"空文档。

【Step2】创建叶片元件。

选择菜单"插入"→"新建元件"命令，创建一个名称为"叶片"的图形元件。

使用"钢笔工具" 在舞台中心绘制叶片；选择"任意变形工具"，如图1-62（a）所示，将叶片的注册中心点移到下面尖角处；打开"变形"面板，如图1-62（b）所示，设置旋转角度为120°，并在"变形"面板中单击三次"重制选区和变形"命令，复制出三个叶片，效果如图1-62（c）所示。

【Step3】在"图层1"上使用"椭圆工具" 按住【Shift】键，绘制一个正圆形。

【Step4】新增"图层2"，从"库"面板中拖出"叶片"元件到"图层2"舞台中。

【Step5】新增"图层3"，在舞台上绘制一个白色的正圆形，选择三个图层当中的所有对象，打开"对齐"面板，如图1-63（a）所示，设置上下左右对齐。参考效果如图1-63（b）所示。

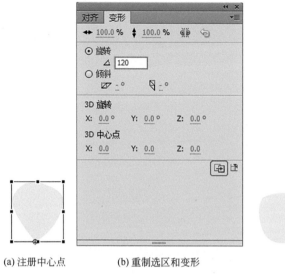

(a) 注册中心点　　　　　(b) 重制选区和变形　　　　　(c) 效果

图1-62　绘制风扇叶片

(a) 设置对齐　　　　　　　　　(b) 效果

图1-63　对齐效果

【Step6】选择三个图层当中的第 25 帧，按 F5 键将图层统一延长到 25 帧。在"图层 2"中第 25 帧处按 F6 插入关键帧，在 1 ～ 25 帧之间任意一帧上单击鼠标右键，在弹出的菜单中选择"创建传统补间"命令。如图 1-64 所示，在右边的"属性"面板中设置"旋转"属性为"顺时针"。

【Step7】按【Ctrl+Enter】键，测试影片。图 1-65 所示是播放到第 8 帧和第 21帧时的状态。

图1-64 旋转属性设置

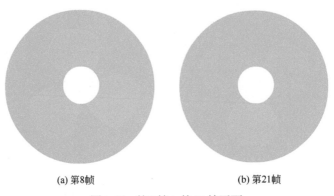

(a) 第8帧   (b) 第21帧

图1-65 第8帧、第21帧画面

下面将结合图1-64所示的"属性"面板，详细讲解其中的重要参数及选项。

■ 标签：在名称文本框中为当前选择的关键帧输入一个名称作为标签；在为帧命名后，类型下拉菜单就会被激活，其中包括"名称""注释"和"锚记"三个选项。

■ 缓动：取值范围为−100到100，设置为正数，表示运动的速度由快到慢；设置为负数，表示运动速度由慢到快；如果设置为0，那么整个动画将以恒定的速度运动。

单击缓动右侧的"编辑缓动"按钮 ✐ ，弹出如图1-66所示的对话框，可以编辑缓动的曲线图。

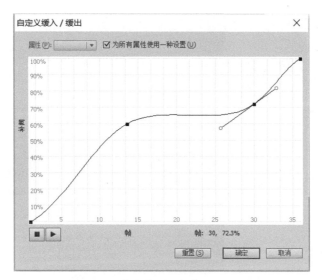

图1-66　"自定义缓入/缓出"对话框

■　旋转：在此下拉菜单中可以选择旋转的方向，包括"无""自动""顺时针""逆时针"选项；右边的数值可以设置旋转的次数。

■　贴紧：选择该复选项，可以使动画中的元件贴紧辅助线运动。

■　调整到路径：选择该复选项，可以使元件自身旋转的方向与路径一致，通常在引导线动画中使用。

■　同步：主要适用于对元件进行替换时的操作。

■　缩放：在动画运动过程中是否显示缩放。如果前后两个关键帧有缩放操作，但这个选项没有勾选，那么在运动过程中将不会体现缩放过程。

　案例实现

1. 背景素材准备

【Step1】打开 Flash 软件，创建一个"ActionScript 3.0"空文档。

【Step2】选择菜单"文件"→"导入"→"导入到舞台"命令，导入背景图。在"属性"面板中修改舞台尺寸与背景图大小一致（选择图片，在属性面板中可以看到图片的尺寸），调整好图片位置，使之对齐舞台左上角，如图 1-67 所示。

【Step3】修改"图层 1"名称为"背景"，新增图层，选择"文字工具"，在该图层舞台上输入文字"FLASH"，如图 1-68 所示，设置字符字体、大小、间距等属性。

效果如图 1-69 所示。

图1-67　背景图

图1-68　字体参数设置

图1-69　字体效果

【Step4】选中文字"FLASH"，按【Ctrl+B】组合键分离文字，按鼠标右键，在弹出的菜单中，选择"分散到图层"命令。此时，"FLASH"五个字符分散到5个字母对应的图层中。

图层效果如图1-70所示。

图1-70　图层效果

2．风吹文字动画制作

【Step1】选择"背景"图层第70帧，按F5插入普通帧，在图层控制区中单击 🔒 图标下对应的小点，锁定背景图层。

【Step2】选择"f"图层中的字符"F"，单击鼠标右键，在弹出的菜单中选择"转换为元件"命令，将其转化为名称为"f"的图形元件。

【Step3】在第25帧处按F6插入关键帧，并将第25帧的"F"拖至舞台外右上角，选择菜单"修改"→"变形"→"水平翻转"命令（可以根据自己喜好调整字符的大小、Alpha值等属性），参考效果如图1-71所示。

图1-71　第25帧字符"F"的状态

【Step4】在"f"图层中选择1～25帧之间的任意一帧，单击鼠标右键，在弹出的菜单中选择"创建传统补间"命令，创建动画。

【Step5】选择"1"图层中的字符"L"，单击鼠标右键，在弹出的菜单中选择"转换为元件"命令，将其转化为名称为"1"的图形元件，在"1"图层的第10帧、第35帧处插入关键帧，将第35帧的"L"拖至舞台外右上角，参考步骤3中的方法将其水平翻转（根据需要调整大小、Alpha值等属性），选择10～35帧之间任意一帧，单击鼠标右键，在弹出的菜单中选择"创建传统补间"命令，创建动画。

【Step6】利用同样的方法制作其他三个图层的动画，并将所有图层统一延长到第70帧。此时，时间轴布局如图1-72所示。

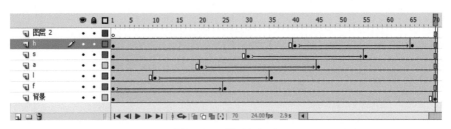

图 1-72　时间轴布局

3. 制作"蝴蝶展翅"动画

【Step1】修改"图层 2"名称为"蝴蝶"。单击菜单"插入"→"新建元件"命令，创建名称为"蝴蝶展翅"、类型为"图形"的元件。

【Step2】在"蝴蝶展翅"图形元件窗口中导入素材到舞台中，选择蝴蝶图形，单击鼠标右键，在弹出的菜单中选择"转换为元件"命令，将其转化为名称为"蝴蝶"的图形元件。

【Step3】在第 20 帧、第 35 帧处按 F6 插入关键帧，调整第 20 帧蝴蝶的形状，使之产生翅膀合拢的效果。如图 1-73 所示，分别为蝴蝶在第 1 帧、第 35 帧和第 20 帧的状态，然后选择 1 ～ 35 帧，单击鼠标右键，在弹出的菜单中选择"创建传统补间"命令，创建动画。

(a) 第1帧、第35帧　　　　　　　　　　(b) 第20帧

图 1-73　第 1 帧、第 35 帧和第 20 帧的蝴蝶

"蝴蝶展翅"图形元件的时间轴如图 1-74 所示。

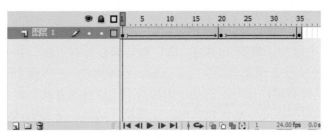

图 1-74 "蝴蝶展翅"图形元件的时间轴

　　按 Enter 键观看动画，此时蝴蝶的展翅动作是匀速的，接下来调整缓动值来设置翅膀挥动的速度。

　　【Step4】选择图层 1 上第 1 ～ 20 帧之间的任意一帧，在"属性"窗口中设置缓动值为负数，在第 20 ～ 35 帧之间设置缓动值为正数。

　　【Step5】单击"场景 1"返回场景 1，从"库"面板中将"蝴蝶展翅"元件拖入"蝴蝶"图层的舞台中，并根据画面调整两只蝴蝶的大小、位置、方向等属性。第 1 帧舞台效果如图 1-75 所示。

图1-75　第1帧舞台效果

　　【Step6】按【Ctrl+Enter】播放动画，可以看到，此时两只蝴蝶是同步动作的。

　　修改方法：选择右边这只蝴蝶，如图 1-76 所示，在"属性"面板中设置循环第 1 帧的属性值为 10。图 1-77 是播放到第 7 帧时的状态。

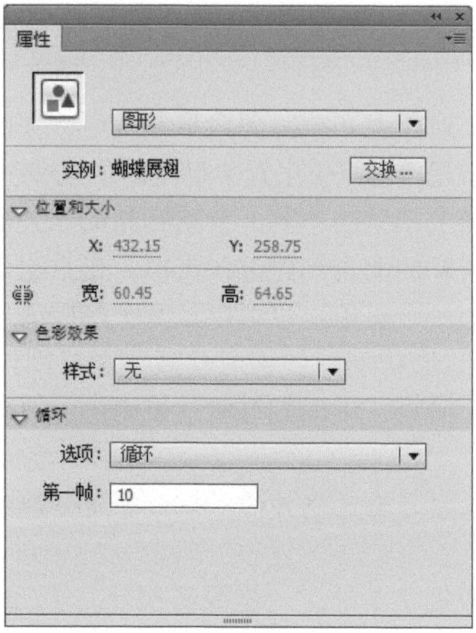

图1-76　设置循环第1帧属性

图 1-77　第 7 帧舞台效果

【Step7】按【Ctrl+Enter】测试动画观看效果，如有不满意的地方可以返回舞台继续修改，直到满意为止。

第五节　补间形状动画

 案例设计

本案例以书为动画元素，采用补间形状动画技术，模拟翻书的动画效果。

 知识要点

补间形状动画是一个对象在一定时间内形状发生变化的动画。

例如常见的动画从字母"A"变化为字母"B"，方形变成圆形等。中间的变化过程，系统会根据关键帧上形状的不同，自动补充两个关键帧之间的形状过渡帧。

补间形状动画跟传统补间动画创建过程类似，也是由两个关键帧组成，但这两个关键帧的内容可以是同一个对象，也可以是两个不同的形状。

如图 1-78 所示，补间形状动画创建成功后，在时间轴上表现为绿色底，在起始帧和结束帧之间有一个箭头，中间的过渡效果则由计算机根据两个关键帧的不同形状自动创建而成。

注意：补间形状动画参与动画制作的对象必须是分解的矢量图形，不可以是元件或组合对象。

如果是文字则需要根据字数通过一次或多次分离【Ctrl+B】命令（或单击菜单"修改"→"分离"命令）将其转化为形状，直到文字变成一个个的像素点为止。

图1-78 补间形状动画

如果需要对补间形状动画变化的过程进行控制，可单击菜单"修改"→"形状"→"添加形状提示"命令，添加控制点进行细节控制。添加的控制点以默认的26个字母顺序命名，设置的控制点越多，形状转变的时候就会越精确。

具体使用方法如下。

（1）在"时间轴"面板中单击选择补间形状动画的第1个关键帧。

（2）选择菜单"修改"→"形状"→"添加形状提示"命令或按【Ctrl+Shift+H】组合键，第1个关键帧的形状对象上就会添加一个标有字母"a"的红色圆形控制点。

（3）移动红色圆形控制点到图形对象需要标记的位置。

（4）单击选择补间形状动画的第2个关键帧，该帧的图形对象中自动添加了一个标有"a"的红色圆形控制点。

（5）移动第2个关键帧中的"a"标记到需要与第1个关键帧的标记相对应的位置，移动后，控制点由红色变为绿色。

（6）返回到第1个关键帧，此时红色圆形控制点变成黄色。

（7）重复以上步骤多次，分别在两个关键帧的图形中添加多个控制点。如图1-79所示，用4个形状控制点控制两个四边形之间对应的转换关系。

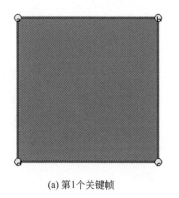

(a) 第1个关键帧

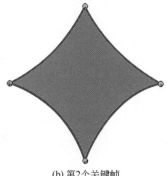

(b) 第2个关键帧

图1-79 控制点对应关系

注意：添加形状提示必须是在形状动画的前提下才可使用，而且在放置控制点时，应该保证控制点被放在图形的边框线上。

★ 小例子：爱心变化

【Step1】打开 Flash 软件，创建一个"ActionScript 3.0"空文档。

【Step2】使用"选择工具""部分选择工具""椭圆工具"和"钢笔工具"以分离模式绘制一个红色填充的爱心，绘制过程如图 1-80 所示。

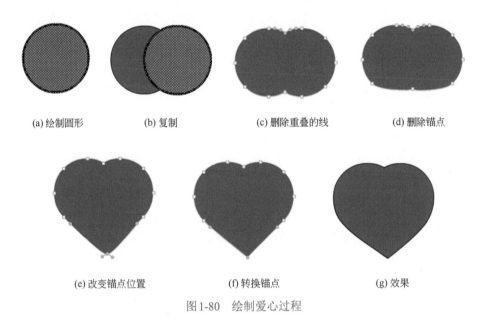

(a) 绘制圆形　　(b) 复制　　(c) 删除重叠的线　　(d) 删除锚点

(e) 改变锚点位置　　(f) 转换锚点　　(g) 效果

图 1-80　绘制爱心过程

【Step3】在图层 1 的第 20 帧、第 25 帧、第 45 帧、第 50 帧、第 70 帧、第 75 帧、第 95 帧处分别按 F6 插入关键帧，各关键帧上的画面内容如图 1-81 所示。选择第 110 帧，按 F5 延长图层到第 110 帧。

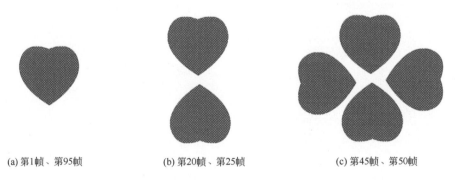

(a) 第1帧、第95帧　　(b) 第20帧、第25帧　　(c) 第45帧、第50帧

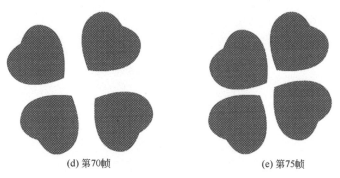

(d) 第70帧   (e) 第75帧

图1-81 各关键帧画面

【Step4】选择第 1 ～ 20 帧之间的任意一帧，单击鼠标右键，在弹出的菜单中选择"创建补间形状"命令，创建补间形状动画。利用同样的方法在第 25 ～ 45 帧、第 50 ～ 70 帧、第 75 ～ 95 帧之间分别创建"补间形状动画"。时间轴效果如图 1-82 所示。

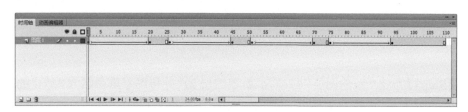

图1-82 时间轴效果

【Step5】按【Ctrl+Enter】测试动画即可看到动画效果。图 1-83 为第 10 帧、第 30 帧、第 55 帧、第 80 帧时的画面。

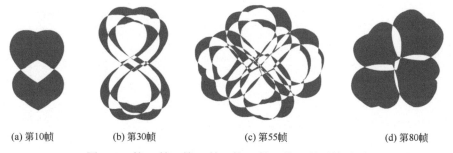

(a) 第10帧   (b) 第30帧   (c) 第55帧   (d) 第80帧

图1-83 第 10 帧、第 30 帧、第 55 帧、第 80 帧时的画面

案例实现

【Step1】打开 Flash 软件，创建一个"ActionScript 3.0"空文档。

【Step2】在舞台上绘制一个与舞台尺寸相同的矩形，并将矩形颜色填充类型设置为"径向渐变"，颜色设置效果如图 1-84 所示。单击"锁定"图标锁定当前图层。

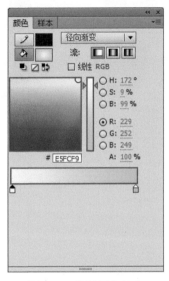

图1-84　背景颜色填充

【Step3】单击"新建图层"按钮 🔲 新增图层 2，并将图层重命名为"静止的书"。使用"矩形工具""线条工具""选择工具"绘制一本书，效果如图 1-85 所示。

【Step4】双击选择图 1-85 所示书中右侧的一页，按【Ctrl+C】进行复制，然后锁定当前图层。新增图层，修改图层名称为"翻书"，按【Ctrl+Shift+V】命令将复制的书页粘贴到当前位置，这是书页的起始状态，如图 1-86 所示。

图1-85　绘制书本　　　　　　　图1-86　"翻书"图层第 1 帧画面

【Step5】在第 75 帧处按 F6 插入关键帧，利用"任意变形工具"将书页中心点移到左边中心位置，然后进行水平翻转，依次单击菜单"修改"→"变形"→"水平翻转"命令，这是书页的结束状态，如图 1-87 所示。

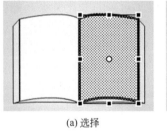
(a) 选择

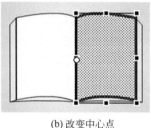
(b) 改变中心点

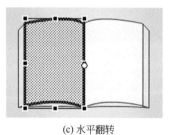
(c) 水平翻转

图1-87　第75帧画面制作过程

【Step6】在第25帧处按F6插入关键帧，利用"任意变形工具"将当前对象进行上下左右拉伸，产生书翻起的效果。在第50帧处按F6插入关键帧，单击菜单"修改"→"变形"→"水平翻转"命令，将当前对象水平翻转到左边，效果如图1-88所示。

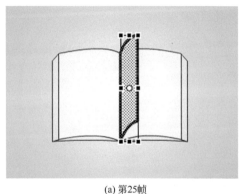
(a) 第25帧

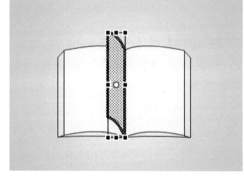
(b) 第50帧

图1-88　第25帧、50帧画面

【Step7】选中第1～75帧之间的任意一帧，单击鼠标右键，在弹出的菜单中选择"创建补间形状"命令，创建补间形状动画。

按【Ctrl+Enter】组合键测试影片，查看效果。

注意：到此为止，我们实现了"翻书"的第一段和第三段动画，但第二段的动画过渡不符合实际，需要用形状提示点来控制变形的关键点，从而改善中间的过渡效果。

【Step8】选择第25帧，按四次【Ctrl+Shift+H】，添加4个提示点用来控制纸张的四个角。用a控制纸张左上角，将b、c、d用逆时针的顺序依次摆放到其他三个角上，摆放的时候注意放到边角上。

【Step9】选择第50帧，将这4个提示点按顺时针方向依次摆放到四个边角位置上。

此时，关键帧中的提示点颜色会发生变化。绿色表示位置摆放正确，如果还是红色，则说明位置没有摆放成功，需要返回查看第25帧提示点的位置，直到提示点颜色都变成黄色，这样前后这两个关键帧之间就设置好了对应的变化关系，如图1-89所示。

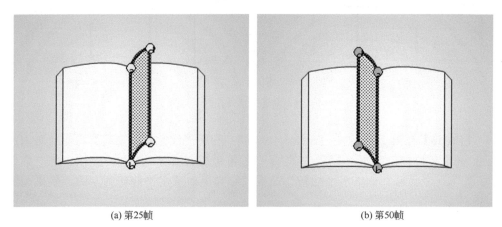

(a) 第25帧　　　　　　　　　　　　　(b) 第50帧

图1-89　第25帧、第50帧的形状提示点

【Step10】按【Ctrl+Enter】测试影片。如有不满意的地方可以返回舞台继续修改，直到满意为止，最终效果如图1-90所示。

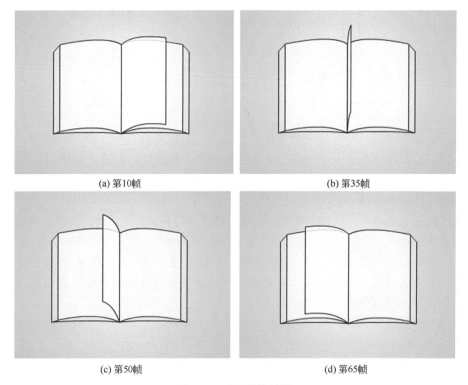

(a) 第10帧　　　　　　　　　　　　　(b) 第35帧

(c) 第50帧　　　　　　　　　　　　　(d) 第65帧

图1-90　动画最终效果

第六节　补间动画

 案例设计

本例以小鸟为动画元素，采用补间动画技术，实现小鸟在林间愉快地飞翔的动画。小鸟的绘制使用基本绘图工具来完成，填充色彩采用黄色调，结合颜色叠加，来凸显画面欢快的特点。画面效果如图 1-91 所示。

图1-91　案例效果

 知识要点

1. 与传统补间动画的区别

■　帧组成：传统补间动画使用关键帧。关键帧是其中显示对象的新实例的帧。补间动画只能具有一个与之关联的对象实例，并使用属性关键帧而不是关键帧。

■　内容组成：传统补间动画需要组成动画的两个帧中分别存在对象，而补间动画则只使用一个对象。

■　文本动画：补间动画会将文本视为可补间的类型，而不会将文本对象转化为影片剪辑，传统补间动画会将文本对象转化为图形元件。

■　脚本：传统补间动画允许在补间范围内的帧上添加脚本，而补间动画不允许。

■　3D 动画：无法使用传统补间动画为 3D 对象创建动画效果，它只支持使用补间动画进行创建。

■　改变动画范围：默认情况下，补间动画范围是一个整体，单击即可选中，并通过拖动的方式改变其长度或所在的图层等；而传统补间动画改变范围的长度，需要单独调节每个关键帧，如果要移动整个动画范围，则需要手工将其选中，然后进行移动。

■ 属性变化：使用传统补间动画可以在不同的属性之间进行变化，比如色调和亮度等；而补间动画，则只能在一个属性上进行变化，主要原因在于补间动画是由一个对象组成的。

■ 创建动画时的元件转换：补间动画和传统补间动画都只允许对特定类型的对象进行补间。若应用补间动画，则在创建补间时会将所有不允许的对象类型转化为影片剪辑，而应用传统补间动画会将这些对象类型转化为图形元件。

■ 选择帧：选择传统补间动画范围中的帧，可以直接单击；而补间动画则需要按住 Ctrl 键进行单击。

2. 属性关键帧

关键帧和属性关键帧的概念有所不同，关键帧是 Flash 中制作动画时的重要元素，同时也是传统补间动画的重要组成部分，而属性关键帧则对动画组成没有影响，它只是对补间动画中对象的属性，比如缓动、亮度、Alpha 值及位置等进行控制，从而完成动画的过渡。

另外，属性关键帧还有一个特点，即删除了其中的内容后，为其设置的属性会保留不变，当再次置入其他对象时，就会应用之前的属性设置。

■ 添加属性关键帧

可以通过两种方式来添加属性关键帧。

第 1 种手工添加：将播放头置于要添加属性关键帧的位置，然后在该帧上单击鼠标右键，在弹出的菜单中选择"插入关键帧"子菜单中的一个命令即可，如图 1-92

图1-92 "插入关键帧"菜单

所示。该子菜单中的每个命令都代表了对动画对象的一种属性控制，其具体的设置可以在"属性"面板及"动画编辑器"面板中完成。

第2种自动添加：在当前播放头所在的位置没有属性关键帧的情况下，如果我们选中舞台中的补间动画对象，并设置其属性，比如移动位置、设置 Alpha 值或色调等，就可以自动在当前位置添加一个属性关键帧。

注意：如果在补间动画范围内单击鼠标右键，在弹出的菜单中选择"插入帧"命令，则可以让当前的动画长度加倍。比如原来的补间动画范围为25帧，按照此方法操作后将变为50帧，新插入的帧位于原范围的前面。

■ 选择属性关键帧

在补间动画范围的任意处单击鼠标右键即可选中整个动画范围，其余的帧单击即可选中。按下鼠标左键移动鼠标，可以选择移动范围内的多个连续帧。

■ 删除属性关键帧

要删除属性关键帧，可以将播放头停在该帧上，或单击选中该帧，然后单击鼠标右键，在弹出的菜单中选择"清除关键帧"子菜单中的命令以删除对应的属性，如果选择"全部"命令，则相当于清除了该属性关键帧。

■ 查看属性关键帧

在属性关键帧上单击鼠标右键，在弹出的菜单中选择"查看关键帧"子菜单中的命令，取消各命令前面的✓，即表示不显示该属性的关键帧，以便于筛选属性关键帧。

3. 创建补间动画的注意点

■ 补间对象必须是元件或文本。

■ 一个补间范围内只能有一个补间对象，将其他元件添加到补间范围将会替换原来的元件。

■ 只有一个关键帧，其余使用属性关键帧，属性主要包括位置、缩放、颜色、旋转等。

■ 创建好的补间动画可以保存为动画预设。

■ 在同一图层中不能与其他补间类型共存。

4. 动画编辑器

使用"动画编辑器"面板可以查看所有补间属性及其属性关键帧。在时间轴中创建补间动画后，动画编辑器允许用户以多种不同的方式来控制补间。

选择菜单"窗口"→"动画编辑器"命令可以显示该面板，如图1-93所示。

在"动画编辑器"面板中，前面4项是用于设置各项动画属性的。

比如，在"基本动画"选项中，共包括了X、Y和旋转Z三个属性，其中X代表水平方向的位置，Y代表垂直方向的位置，旋转Z则表示对象的顺时针或逆时针旋转属性。

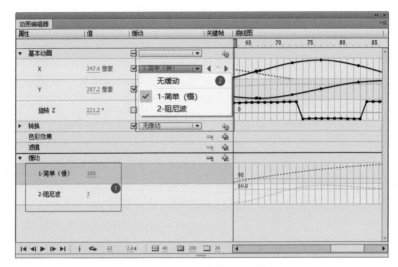

图1-93 "动画编辑器"面板

通过设置 X、Y 和旋转 Z 这三个属性就可以实现各种位置及角度的动画效果。在实际操作过程中，对于这三个属性的控制并不一定要在该区域中完成，在要求不是非常精确的情况下，可以使用"选择工具"直接拖动对象的位置，或使用"任意变形工具"调整其角度等属性，也可以得到相同的效果。

用户可以编辑缓动的曲线，也可以使用自带的缓动，甚至自定义不同的缓动预设，从而丰富动画效果。从功能上来说，缓动技术可以重新计算属性关键帧之间的属性变化方式，在没有使用缓动的情况下，将按照平均的方式进行运动，使用缓动以后就可以依据缓动的设定或曲线进行运动。

如果要为它们添加预设的缓动效果，必须先在"属性"区域中的"缓动"中添加一个预设缓动，然后才可以在下拉菜单中进行选择。

5. 运动路径

补间动画中的运动路径是不支持使用任何绘画工具进行编辑的，只能通过添加关键帧来增加锚点的方法，对运动路径的形态进行修改。

具体方法有两种：

第一种，结合"选择工具"和"部分选择工具"通过添加属性关键帧改变运动对象的位置来修改，复杂一点的路径可以在"动画编辑器"中对应的曲线图上添加关键帧来处理。

第二种，先绘制好路径形态，然后将其剪切（【Ctrl+X】）、粘贴（【Ctrl+V】）到动画范围中，如果运动的方向与需要的相反，可以在动画范围内单击鼠标右键，在弹出的菜单中选择"运动路径"→"翻转路径"命令，在实际操作中建议选择这一种方法。

如图 1-94 所示，使用"铅笔工具"绘制了一条路径，图 1-95 所示是将其粘贴到动画范围中的效果。

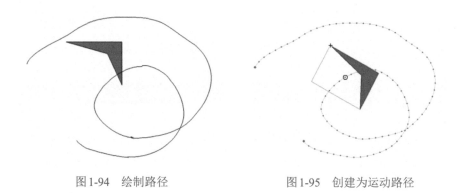

图1-94　绘制路径　　　　　　　　　　图1-95　创建为运动路径

6. 补间动画预设

补间动画预设功能可以将某个动画范围中的属性变化记录下来，以便于应用到其他对象上。

选择菜单"窗口"→"动画预设"命令即可显示该面板，如图 1-96 所示。动画预设区列出了所有已保存的动画预设，包括自定义的预设及 Flash 自带的预设。

图1-96　"动画预设"面板

选择能够应用补间动画的对象，比如元件或文本，在"动画预设"面板中选中某种预设并单击右下角的"应用"按钮，即可应用该动画预设。

注意：一旦将预设应用于舞台上的对象后，在时间轴中创建的补间就不再与"动画预设"面板有任何关系了。

如果要将自定义的补间另存为预设，首先选中"时间轴"面板中的补间范围，然后单击"动画预设"面板中的"将选区另存为预设"按钮，在弹出的对话框中输入新预设的名称，单击"确定"按钮，新预设将保存在"动画预设"面板中。

 案例实现

1. 打开素材

【Step1】打开素材文件，"库"面板中提供了本案例中两个动画素材：静态的小鸟和背景图。

【Step2】单击菜单"窗口"→"库"命令或者单击图标 📖，打开"库"面板，双击打开"小鸟"图形元件，其效果如图 1-97 所示。

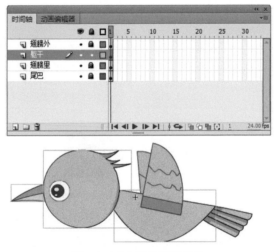

图 1-97 "小鸟"图形元件

注意：在准备这些图形的时候，一定要注意一个原则，需要做成动画的单独放一个图层；静态的放一个图层，也就是分图层来绘制。

2. 制作"小鸟原地飞翔"的动画

【Step1】同时选择四个图层的第 3 帧，单击鼠标右键，在弹出的菜单中选择"插入关键帧"命令，也可采用按【F6】键的快捷方式完成。

【Step2】选择"任意变形工具"，将"翅膀外"图层第 3 帧的翅膀往下压扁，效果如图 1-98 所示。

(a) 调整注册中心　　　　　　　　　　　　　　(b) 改变大小

图1-98　翅膀调整

【Step3】利用同样的方法设置"翅膀里"图层和"尾巴"图层的第3帧，压扁翅膀，并将尾巴调整为与身体平行。效果如图1-99所示。

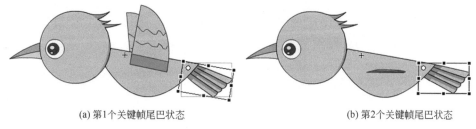

(a) 第1个关键帧尾巴状态　　　　　　　　　　(b) 第2个关键帧尾巴状态

图1-99　尾巴调整

【Step4】同时选择四个图层的第5帧，按F6插入关键帧。

【Step5】选择"任意变形工具"，调整里外两只翅膀的状态，将它翻转到下边，并根据实际效果进行适当旋转，同时将尾巴向上旋转。效果如图1-100所示。

【Step6】在四个图层的第7帧处按F6插入关键帧，这一帧是小鸟翅膀往上过程中的一个中间状态，所以跟第3帧的动作是一样的。复制四个图层第3帧处的关键帧，然后粘贴到第7帧。

【Step7】在四个图层的第9帧处按F6插入关键帧，这是小鸟飞翔的最后一个状态，翅膀回到原位，所以跟第1帧的动作是一样的。复制第1帧，然后粘贴到第9帧。"小鸟"元件的时间轴布局如图1-101所示。

图1-100　第3个关键帧

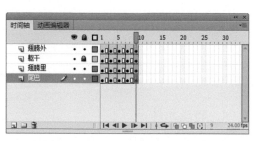

图1-101　"小鸟"元件的时间轴布局

按【Ctrl+Enter】组合键，播放动画观看效果，小鸟原地飞翔的动画完成。

3. 制作"往前飞"的动画

【Step1】单击"场景 1"返回场景 1 当中，从"库"面板当中拖出"小鸟"元件。使用"任意变形工具"调整它的大小，并摆放到舞台合适的位置。

【Step2】在第 80 帧处按 F5 插入普通帧。

【Step3】选择第 1 ～ 80 帧之间的任意一帧，单击鼠标右键，在弹出的菜单中选择"创建补间动画"命令，创建补间动画。

【Step4】将播放头置于第 10 帧处，使用"选择工具"拖动小鸟的位置创建一个属性关键帧，也可以通过单击鼠标右键来插入关键帧。选择第 20 帧处，单击鼠标右键，选择"插入关键帧"，在弹出的子菜单中选择"位置"，随后调整小鸟在舞台上的位置即可。

在这个动画中，每隔 10 帧的时间设置一个属性值。分别调整每个属性关键帧上小鸟飞行所在的位置，时间轴布局如图 1-102 所示。

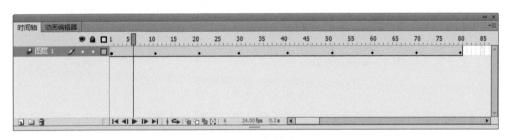

图 1-102　时间轴布局

舞台上绿色的虚线就是小鸟的运动轨迹，这种方式创建出来的每个属性关键帧上都是一个折点。

如果想把轨迹变成曲线，用"选择工具"把它拉成曲线即可，调整后的飞行轨迹如图 1-103 所示。

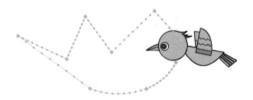

图 1-103　小鸟飞行轨迹

4. 转成元件

【Step1】选择图层 1，单击鼠标右键，在弹出的菜单中选择"剪切图层"。

【Step2】单击菜单"插入"→"新建元件"命令，创建一个名称为"往前飞"的图形元件。

【Step3】在该元件"图层1"上单击鼠标右键，在弹出的菜单中选择"粘贴图层"，然后返回场景1。

现在"库"面板当中已经有两个元件，一个是"原地飞"的小鸟，一个是"往前飞"的小鸟，这两个元件涉及元件的嵌套，"往前飞"元件嵌套了"小鸟"的元件。

5. 制作背景动画

【Step1】从"库"面板中将背景图片拖到舞台，图片尺寸是"650×294"像素。

【Step2】在"属性"面板中修改舞台的尺寸与图片大小一致，然后设置图片与舞台上下左右对齐。单击鼠标右键，在弹出的菜单中选择"转化为元件"命令，将其转化为名称为"bj"的图形元件。

【Step3】双击背景图形进入元件内部。复制一份背景图形，并将它们水平拼接到一起，效果如图1-104所示。

图1-104　"bj"图形元件

【Step4】返回场景1。在第80帧处按F6插入关键帧。

【Step5】将背景图片右侧移到与舞台左边对齐。选择第1～80帧之间的任意一帧，单击鼠标右键，在弹出的菜单中选择"创建传统补间"动画。播放动画，背景实现了从左往右移动。

6. 制作小鸟飞行动画

【Step1】新增图层。从"库"面板当中拖出"往前飞"图形元件，并把它摆放到合适的位置。

【Step2】复制一份"往前飞"实例，根据画面效果修改它的大小、位置和色调。测试影片，此时，两只小鸟的飞行步调是一致的。

【Step3】选择其中一只小鸟，在"属性"面板中设置"循环"属性第1帧为50次，让它从第50帧开始播放，如图1-105所示。

【Step4】动画制作完成，按【Ctrl+Enter】组合键测试影片观看效果，如有不满意的地方可以返回舞台继续修改，直到满意为止。

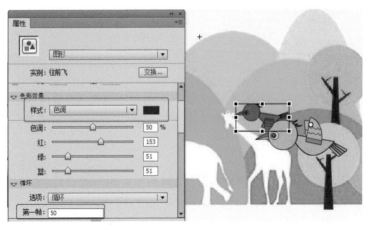

图 1-105　调整色调和循环属性

第七节　引导动画

案例设计

　　秋天是一个唯美的季节，本例以树叶为动画元素，采用引导线动画制作一段落叶飘落的动画效果。

知识要点

1. 图层关系

　　引导线动画指的是将一个或多个图层链接到一个运动引导层，使一个或多个对象沿着同一条路径完成运动的动画。

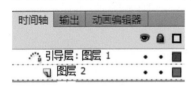

图 1-106　图层关系

　　它包含两种图层：运动引导层和被引导层。它们的关系在时间轴中如图 1-106 所示。

　　运动引导层是一种特殊的图层，用来放置引导路径，指示对象沿引导路径进行运动。引导路径只能是形状，而不可以是元件或组件等形式。可以使用铅笔、线条、钢笔等工具绘制。

　　注意：在场景中引导线是可见的，但在发布动画后是看不见的，利用这个功能可以把一些不想显示出来的图层设为引导层，放在图层的最下层，以防误操作。

被引导层：将普通图层缩进后，即可成为被引导层。该图层用来放置运动对象，一个运动引导层可以引导多个对象，也就是可以有多个被引导层。运动的对象只能为元件或组件，不可以是形状。

2. 创建引导动画的注意点

■　被引导对象

（1）必须是元件实例（或组合对象）；

（2）被引导对象的起点和终点的对象中心点必须吸附到引导线上。

■　引导线

（1）必须是形状（也就是对象处于分离状态）；

（2）路线必须连续且不封闭。

★　小例子：旋转的小球

【Step1】打开 Flash 软件，选择新建"ActionScript　3.0"选项，创建一个空文档。

【Step2】选择"椭圆工具"，以"对象绘制" ■模式绘制一个径向渐变填充的小球，如图 1-107 所示。然后选择小球，单击鼠标右键，在弹出的菜单中选择"转换为元件"命令，创建一个名称为"小球"的图形元件。

【Step3】在图层 1 中单击鼠标右键，在弹出的菜单中选择"添加传统运动引导层"命令，创建引导层。

【Step4】在引导层中，使用"椭圆工具"以"分离模式" ■绘制一个无填充色的圆形，如图 1-108 所示。

图1-107　绘制运动对象

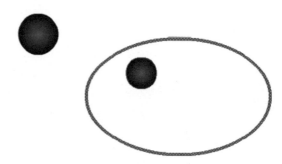

图1-108　绘制运动路径

【**Step5**】选择引导层的第 30 帧，按 F5 插入普通帧，选择图层 1 的第 30 帧，按 F6 插入关键帧。

【**Step6**】选择图层 1 中第 1 个关键帧上的小球，将其移动到椭圆如图 1-109（a）所示的位置上，将第 2 个关键帧上的小球移动到如图 1-109（b）所示的位置，注意中心点一定要吸附到线上。然后在两个关键帧之间创建"传统补间动画"，意图让小球绕着椭圆顺时针旋转。

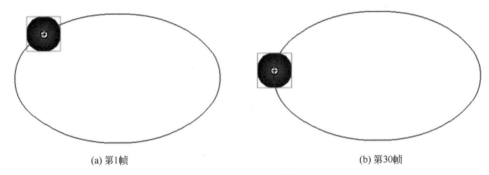

(a) 第1帧   (b) 第30帧

图 1-109　小球摆放位置

按【Ctrl+Enter】键测试影片，发现小球并没有按预想的路径运行，而是选择了距离短的路线进行运动，原因就是运动的路径是封闭的。

【**Step7**】使用"橡皮擦工具" ，擦掉椭圆在两小球之间的一段路线，明确小球运动的起点和终点，如图 1-110 所示。再次测试影片，小球就按顺时针方向沿着椭圆运动了。

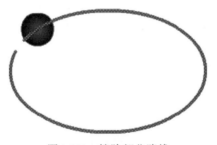

图 1-110　擦除部分路线

案例实现

1. 准备素材

【**Step1**】打开 Flash 软件，选择新建"ActionScript　3.0"选项，创建一个空文档。

【Step2】选择菜单"文件"→"导入"→"导入到库"命令，将素材图片导入到"库"面板中，如图 1-111 所示。

【Step3】打开"库"面板，将"库"面板中的"树 .jpg"图片拖拽到舞台中，修改舞台尺寸与图片大小一致，如图 1-112 所示。

图1-111　导入素材　　　　　　　　　图1-112　修改舞台尺寸

【Step4】为了防止在编辑过程中移动"图层 1"中的图片，单击图标 🔒 下对应的小点，锁定"图层 1"，然后新增"图层 2"，如图 1-113 所示。

【Step5】将"库"面板中的"叶 .jpg"拖入舞台中。选择菜单"修改"→"位图"→"转换位图为矢量图"命令，参数设置如图 1-114 所示，然后单击"确定"按钮。

【Step6】利用"选择工具"单击图片中白色部分，按 Delete 键删除白色背景，选择树叶部分，按【Ctrl+B】命令进行组合。

图1-113 锁定图层   图1-114 转换为矢量图

【Step7】选择组合后的树叶，单击鼠标右键，在弹出的菜单中选择"转换为元件"命令，将其转化为名称为"落叶"的图形元件。

2．动画制作

【Step1】选择"图层2"，单击鼠标右键，在弹出的菜单中选择"添加传统运动引导层"命令，在"图层2"上方添加一个"引导层"图层。

【Step2】单击"引导层"图层的第1帧，选择铅笔或钢笔工具，在舞台中从上到下绘制一条光滑的曲线，如图1-115所示。

【Step3】将"引导层"图层锁定，选择"图层2"图层的第1帧，修改"落叶"的大小，并将"落叶"的中心点与引导线顶部重合，如图1-116所示。

图1-115 绘制路径   图1-116 设置运动起点

【Step4】选择三个图层的第 35 帧，单击鼠标右键，在菜单中选择"插入帧"命令或按 F5。

【Step5】单击"图层 2"的第 35 帧，按 F6 插入关键帧，并将"落叶"图形实例从引导线的上端移动到下端，注意要吸附到引导线上。选择第 1 ～ 35 帧之间的任意一帧，单击鼠标右键，在弹出的菜单中选择"创建传统补间"动画。

为了使动画看起来更加流畅，在"属性"窗口中设置缓动值为 100，并勾选"调整到路径"。至此，第 1 片"落叶"动画制作完成。

【Step6】在引导层中绘制另一条路线，重复上面的操作，制作多个落叶飘落的效果，如图 1-117 所示。

图 1-117　效果图

【Step7】动画制作完成，按【Ctrl+Enter】组合键测试影片。如有不满意的地方，可以返回场景继续修改，直到满意为止。

第八节 遮罩动画

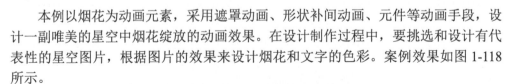
案例设计

本例以烟花为动画元素，采用遮罩动画、形状补间动画、元件等动画手段，设计一副唯美的星空中烟花绽放的动画效果。在设计制作过程中，要挑选和设计有代表性的星空图片，根据图片的效果来设计烟花和文字的色彩。案例效果如图1-118所示。

图1-118　案例效果

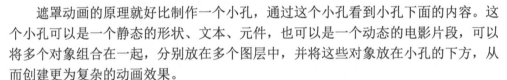
知识要点

遮罩动画的原理就好比制作一个小孔，通过这个小孔看到小孔下面的内容。这个小孔可以是一个静态的形状、文本、元件，也可以是一个动态的电影片段，可以将多个对象组合在一起，分别放在多个图层中，并将这些对象放在小孔的下方，从而创建更为复杂的动画效果。

遮罩动画常用来创建类似于文字特效、烟花、放大镜、百叶窗等效果的动画。

遮罩动画由两种特殊的图层构成：遮罩层和被遮罩层。它们的图层关系如图1-119所示。

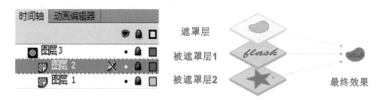

图1-119 图层关系

注意：遮罩图层只能有一个，被遮罩层可以有多个，遮罩层中的遮罩物可以是任意的形状。

这两个图层中可以分别或同时使用形状补间动画、传统补间动画、引导线动画等动画手段，从而使遮罩动画变成一个可以施展无限想象力的创作空间。

★ 小例子：简单遮罩

【Step1】打开素材文件，图层 1 中已经有一张放置好的图片，它是需要制作被遮罩的内容，如图 1-120 中左图所示。

【Step2】新增图层，在该图层上绘制一个用于遮罩下方图片的圆形，并将其调整到合适的位置，如图 1-120 中右图所示。

图1-120 被遮罩内容与遮罩图形

【Step3】在上方的图层中单击鼠标右键，在弹出的菜单中，选择"遮罩层"命令，即可创建遮罩效果，如图 1-121 所示。

注意：创建遮罩层后，Flash 将自动锁定遮罩层和被遮罩层。如果需要对两个图层进行编辑，需要先单击"锁形"标记解锁。

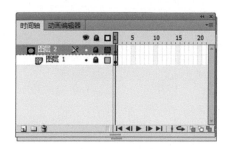

图1-121　遮罩效果

 案例实现

1．制作"单个烟花绽放"动画

【Step1】打开素材文件，"库"面板中准备了烟花、文字和天空背景图，如图
1-122 所示。

图1-122　库中素材文件

【Step2】双击打开"库"面板中"烟花"图形元件。

【Step3】锁定图层 1，然后单击图层 1 右侧的图标▉，打开图层 1 的轮廓，此时可以在舞台上看到烟花的外形，如图 1-123 所示。

图1-123　烟花轮廓

【Step4】新增图层 2，按住鼠标左键将图层 2 移到图层 1 下方，选择两个图层的第 25 帧，按 F5 插入普通帧。

【Step5】在图层 2 中绘制一个无笔触的红色填充的小椭圆形，放置在烟花的下端，在第 7 帧处按 F6 插入关键帧，将红色圆形往上移动到烟花的中心处，如图 1-124 所示。

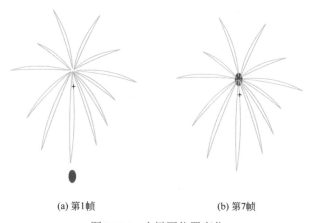

(a) 第1帧　　　　　　　　　(b) 第7帧

图1-124　小椭圆位置变化

【Step6】选择第 1 ～ 7 帧之间的任意一帧，单击鼠标右键，在弹出的菜单中选择"创建补间形状"命令，制作红色圆形从下往上移动的动画。

【Step7】在第 8 帧和第 24 帧处按 F6 分别插入关键帧，使用"任意变形工具"修改第 24 帧处椭圆形的大小，使之能够完全覆盖住烟花。打开"颜色"面板▉，填充一个自己喜欢的径向渐变的颜色。

如图 1-125 所示，将左边色块的 Alpha 值设置为 0%（透明）。这里设置的颜色就是最终烟花显示出来的颜色效果。

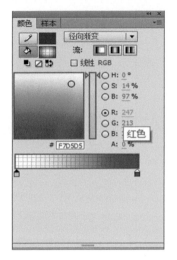

图 1-125　渐变效果

【Step8】使用"任意变形工具"修改第 8 帧的图形大小，使之尽可能地小。在第 25 帧处按 F7 插入空白关键帧。然后选择第 8 ～ 24 帧之间的任意一帧，单击鼠标右键，在弹出的菜单中选择"创建补间形状"命令，实现椭圆形从小变大然后消失的动画效果。

【Step9】在图层 1 上单击鼠标右键，在弹出的菜单中选择"遮罩层"，此时上下两个图层的图标发生了变化，图层 2 自动缩进变成了被遮罩层。时间轴布局如图 1-126 所示。

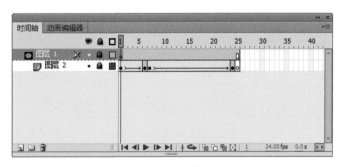

图 1-126　时间轴布局

播放动画，一个烟花绽放的效果就实现了。

注意：遮罩层中"烟花"的作用只是提供了一个形状"窗口"，透过这个形状从而看到下面图层的变化，不在遮挡范围内的是看不见的。

2. 制作"多个烟花"动画

【Step1】单击"场景 1",返回场景 1,修改舞台尺寸为"400×600"像素。

【Step2】从"库"面板中,将"烟花"元件拖入到舞台中合适的位置,并将图层延长到第 25 帧。

【Step3】选择"图层 1",单击鼠标右键,在弹出的菜单中选择"复制图层",重复该命令 3 次,复制出 3 个图层,并依次将这 3 个图层上的所有帧往后移动错开一段时间。时间轴布局如图 1-127 所示。

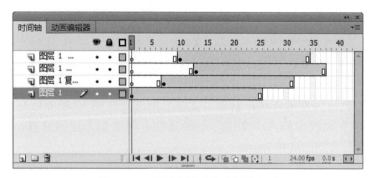

图 1-127　复制图层后的时间轴布局

【Step4】分别修改这 3 个图层上烟花的位置、大小和颜色。利用"任意变形工具"修改大小,在"属性"面板中修改颜色,利用"选择工具"改变位置。

【Step5】在"时间轴"面板上按住 Ctrl 键依次单击这四个图层,进行选中操作,然后单击鼠标右键,在弹出的菜单中选择"剪切图层"命令。选择菜单"插入"→"新建元件"命令,创建一个名称为"多个烟花"的图形元件,然后在图层 1 上单击鼠标右键,在弹出的菜单中选择"粘贴图层"命令。

图 1-128 为"多个烟花"的图形元件第 20 帧的显示效果。

图 1-128　"多个烟花"图形元件

【Step6】单击"场景 1",返回场景 1 中,单击"新建图层"按钮,新增图层 2。

【Step7】修改"图层 1"和"图层 2"名称为"烟花 1"和"烟花 2",延长两个图层时间到第 150 帧。

【Step8】在这两个图层中分别从"库"面板中拖入一个"多个烟花"的图形元件,并对它们的大小和位置进行适当的调整。此时,场景中的时间轴布局如图 1-129 所示。

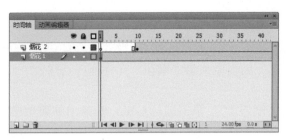

图1-129　时间轴布局

3.制作"文字动画"

【Step1】单击"新建图层"按钮，创建一个新图层，重命名为"背景"，并把它移动到"烟花1"图层下方，然后从"库"面板中拖入"背景"图片到该图层舞台中。

【Step2】利用同样的方法，新增"文字"图层，在第50帧处按F7插入空白关键帧，从"库"面板中拖入"文字"图形元件，摆放到合适的位置。此时，第50帧上舞台显示，如图1-130所示。

【Step3】在"文字"图层上方新建一个图层，在图层上单击鼠标右键，在弹出的菜单中选择"遮罩层"，此时，"文字"图层自动缩进变成了被遮罩层。

【Step4】单击新图层右侧的"锁形"标记 🔒 解锁图层，在第50帧处按F7插入空白关键帧，在"众"字上方绘制一个宽度超过文字的、无笔触的、任意填充色的小矩形。

【Step5】在第80帧处按F6插入关键帧，利用"任意变形工具"修改矩形的高度，使之能完全盖住整列文字，如图1-131所示。

(a) 第50帧　　　　　　　　　　(b) 第80帧

图1-130　第50帧的文字　　　　　　　图1-131　第50帧和第80帧的矩形

【Step6】选择第 50 ～ 80 帧之间的任意一帧，单击鼠标右键，在弹出的菜单中选择"创建补间形状"命令，创建矩形从上往下、从小变大的动画效果。

【Step7】利用同样的方法制作第二列文字的遮罩效果。在第 100 帧和第 101 帧处按 F6 插入关键帧，在第 101 帧的"灯"字上方绘制一个无笔触的任意填充色的小矩形。

【Step8】在第 120 帧处按 F6 插入关键帧，修改小矩形的高度，使之能完全盖住第二列文字，选择第 101 ～ 120 帧之间的任意一帧，单击鼠标右键，在弹出的菜单中选择"创建补间形状"命令。

整个时间轴布局如图 1-132 所示。

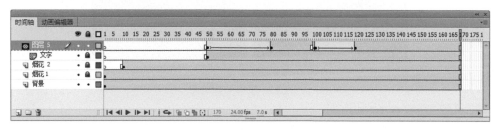

图 1-132　时间轴布局

【Step9】动画制作完成，按【Ctrl+Enter】组合键测试影片。如有不满意的地方，可以返回场景继续修改，直到满意为止。

图 1-133 为第 1 帧、第 25 帧、第 60 帧、第 105 帧时的效果。

(a) 第1帧　　　　　　　　　　　(b) 第25帧

图 1-133

(c) 第60帧   (d) 第105帧

图1-133   最终动画效果

第九节 骨骼动画

案例设计

在动画中，经常会涉及各种角色的走路、跑跳等动作，本例以海边为动画背景，采用骨骼动画技术，模拟乌龟走路、小蛇游动，实现一副唯美悠闲的动画效果。动画效果如图 1-134 所示。

图1-134   动画效果

知识要点

1. 关于骨骼动画

在动画设计中运动学系统分为正向运动学和反向运动学两种。正向运动学指的是对于有层级关系的对象来说，父对象的动作将影响子对象，而子对象的动作不会对父对象造成任何影响。例如当对父对象进行移动时，子对象也会跟着移动，而子对象移动时父对象不会产生移动。正向运动中的动作是向下传递的。

与正向运动学不同的是，反向运动学的动作传递是双向的。当父对象进行位移、旋转或缩放等动作时，子对象会受到这些动作的影响。反之，子对象的动作也会影响父对象。反向运动是通过一种连接各种物体的辅助工具来实现的运动，这种工具就是"IK 骨骼工具" ，也称反向运动骨骼。使用"IK 骨骼工具"制作的反向运动学动画就是骨骼动画。

利用"IK 骨骼工具"可以方便地把角色身体关节的各个部位连接起来，快速实现动画。

如图 1-135 所示，在这个人物模型中，整个骨骼结构称之为骨架，这些骨骼按照父子关系进行连接，形成父子关系，从而实现父子之间相互影响的反向运动。

骨架的添加主要有两种方法：

■ 应用于元件实例之间，为实例添加与其他实例相连接的骨骼，使用关节连接这些骨骼，骨骼允许实例连一起运动。

■ 在形状对象内部（各种矢量图对象）添加骨骼，添加骨架后就可以通过拖动骨骼来操纵它们的运动了。这种方式的优势在于无需绘制运动中该形状的不同状态，也无需使用补间形状来创建动画，制作起来比较简单方便。

2. 骨骼动画的制作

使用"骨骼工具"可以向影片剪辑元件实例、图形元件实例或按钮元件实例中添加 IK 骨骼。在工具箱中选择"骨骼工具"，单击一个对象，然后将其拖动到另一个对象上，释放后即可创建两个对象间的连接，此时两个元件实例间将显示出创建的骨骼。

如图 1-136 所示，在创建骨骼时，第 1 个骨骼是父级骨骼，骨骼的头部为圆形端点，有一个圆圈围绕着头部，骨骼的尾部为尖形，有一个实心点。

在为对象添加了骨骼后，就可以创建骨骼动画了。在制作骨骼动画时，可以在开始关键帧中制作对象的初始姿态，在后面的关键帧中制作对象的不同姿态，Flash 会根据反向运动学的原理，计算出连接点间的位置和角度，从而创建出从初始姿态到下一个姿态转变的动画效果。

图 1-135　骨架模型

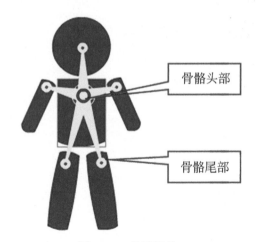

图 1-136　骨骼形状

3. 骨骼动画的属性

■　设置连接点速度

连接点速度决定了连接点的黏性和刚性，当连接点速度较低时，该连接点将反应缓慢；当连接点速度较高时，该连接点将具有更快的反应。

操作方法：在选取骨骼后，在"属性"面板的"位置"栏的"速度"框中输入数值，可以改变连接点的速度。

■　约束连接点的旋转和平移

在 Flash 中，可以通过设置对骨骼的旋转和平移进行约束。约束骨骼的旋转和平移，可以控制骨骼运动的自由度，从而创建更加逼真和真实的运动效果。

■　设置弹簧属性

在舞台上选择骨骼后，在"属性"面板中展开"弹簧"栏，其中"强度"用于设置弹簧的强度，数值越大，弹簧效果越明显。"阻尼"用于设置弹簧效果的衰减速率，数值越大，动画中弹簧属性减少得越快，动画结束得就越快。当数值为 0 时，弹簧属性在姿态图层中的所有帧中都保持最大强度。

骨骼"属性"面板，如图 1-137 所示。

案例实现

1. 准备素材

【Step1】打开素材文件如图 1-138 所示，"库"面板中准备了小龟、小蛇和沙滩背景图，其中脚、身、头、尾是小龟身体的各个部位，它们都是独立的图形元件，把它们组合在一起成为了"小龟"图形元件。

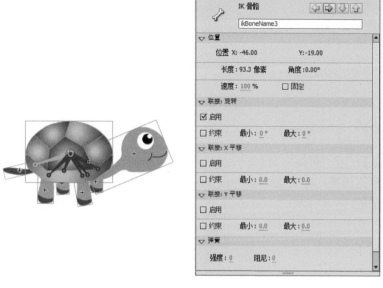

图1-137　骨骼"属性"面板

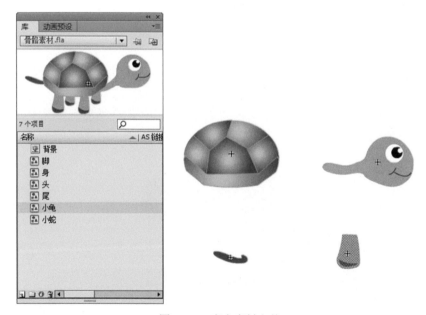

图1-138　库中素材文件

【Step2】单击菜单"插入"→"新建元件"命令，创建一个名称为"龟原地走"的图形元件。然后从"库"面板中拖入"小龟"图形元件，按【Ctrl+B】组合键进行分离。如图1-139所示，此时，小龟身体的各个部位都是可以单独移动的。

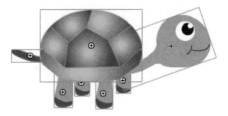

图1-139　创建图形元件

2. 搭建乌龟的骨架

【Step1】选择"骨骼工具" 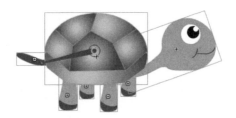，在乌龟壳中心位置上单击鼠标并按住鼠标左键，然后移动到尾巴处，添加的骨骼如图 1-140 所示。添加了骨骼后，系统会自动创建一个骨架图层。

图1-140　连接身体与尾巴

注意：当鼠标边出现"禁止图标" 时，是没法添加骨骼的，只有当鼠标边出现"白色骨头" 时才可以添加两个部位之间的骨骼。

【Step2】利用同样的方法，依次将乌龟身体的其他部位添加到龟壳上，直到所有部位都添加到乌龟身体上，"图层 1"变成了空图层，如图 1-141 所示。

图1-141　添加骨架

注意：如果在操作的过程中，发现骨骼添加错误，选中骨骼后可以按 Delete 键进行删除。

添加骨架后，实例的叠放次序会发生改变，需要重新进行调整。

【Step3】利用"任意变形工具"调整"乌龟"身体各个部位元件实例的变形中心点。变形中心点也就是骨骼链接的端点位置，尽量设置在元件实例的交接处，如图 1-142 所示。

图 1-142　调整实例变形点

【Step4】依次调整"骨架"图层中添加了骨骼实例对象的叠放次序。

单击"选择工具"，选择实例对象，单击鼠标右键，如图 1-143 所示，在弹出的菜单中选择"排列"，然后在子菜单中根据实例对象摆放的实际情况，选择相应的上移或下移命令，进行前后位置调整，直到所有实例位置摆放正确为止。

使用快捷方式：【Ctrl+↑】键上移，【Ctrl+↓】键下移。

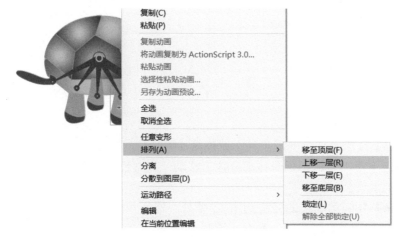

图 1-143　调整叠放次序

3．创建骨骼动画

【Step1】使用"任意变形工具"调整乌龟四条腿的走路姿态，将第 1 帧乌龟的姿势调整为如图 1-144 所示。

【Step2】在"骨骼"图层第 20 帧处，单击鼠标右键，在弹出的菜单中选择"插入姿势"命令。此时，可以删除多余的图层 1。

【Step3】在第 10 帧处，单击鼠标右键，在弹出的菜单中选择"插入姿势"命令。使用"任意变形工具"调整乌龟四条腿的走路姿势，注意调整的姿势与第 1 帧相反。参考效果如图 1-145 所示。

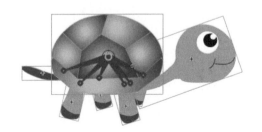

图 1-144　第 1 帧的乌龟

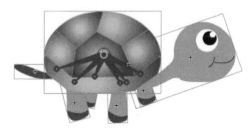

图 1-145　第 10 帧的乌龟

插入的姿势，Flash 会根据反向运动学原理，自动创建两个姿势间的运动效果。

【Step4】为了让乌龟走路更逼真，在第 5 帧和第 15 帧处分别"插入姿势"。"龟原地走"的图形元件的时间轴布局如图 1-146 所示。

图 1-146　图形元件的时间轴布局

【Step5】使用"任意变形工具"调整第 5 帧乌龟的尾巴和头部的状态，使头部上翘，尾巴下摆，并把乌龟身体部分往上移动一点（注意不要露出四条腿），使之产生抖动的效果。

【Step6】复制第 5 帧的姿势到第 15 帧处。选择第 5 帧，单击鼠标右键，在弹出的菜单中选择"复制姿势"命令，选择第 15 帧，单击鼠标右键，在弹出的菜单中选择"粘贴姿势"命令即可。第 5 帧和第 15 帧的乌龟如图 1-147 所示。

4. 制作"乌龟往前走"的动画

【Step1】单击"场景 1"返回场景 1 中，单击图标"新建图层"添加新图层，并将这两个图层名称分别改为"背景"和"乌龟"。从"库"面板中分别拖入"背景"

图片和"龟原地走"图形元件到对应图层中，并调整好它们的大小和位置，使"背景"图片与舞台大小一致，居中摆放。

图1-147 第5帧和第15帧的乌龟

【Step2】选择乌龟，单击菜单"插入"→"变形"→"水平翻转"命令，将乌龟水平翻转到面朝左，并摆放到如图 1-148 所示位置。

图1-148 改变乌龟朝向

【Step3】选择两个图层的第 300 帧，按 F5 插入普通帧。选择第 1 ～ 300 帧之间的任意一帧，单击鼠标右键，在弹出的菜单中选择"创建补间"命令，利用"选择工具"改变乌龟的终点位置（摆放到左侧），从而创建乌龟向前走的动画。

5. 制作"小蛇"的动画

【Step1】从"库"面板中双击打开"小蛇"图形元件，利用"骨骼工具"在"小蛇"内部添加骨骼，骨骼的多少根据需要进行添加。参考效果如图 1-149 所示，骨架搭建好后删除"图层 1"。

图1-149 添加骨架

【Step2】在"骨架"图层第 30 帧处，单击鼠标右键，在弹出的菜单中选择"插入姿势"，利用同样的方法在第 20 帧处"插入姿势"，并用"选择工具"拖动骨骼调整蛇在第 20 帧处拱起身体的姿态。参考效果如图 1-150 所示。

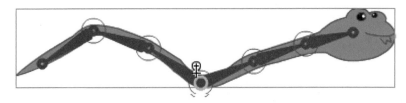

图1-150 第20帧的小蛇

"小蛇"图形元件时间轴布局如图 1-151 所示。

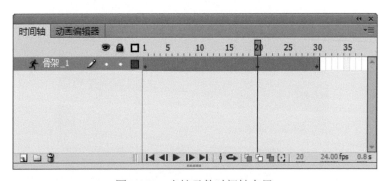

图1-151 小蛇元件时间轴布局

6. 制作"小蛇在舞台中游动"的动画

【Step1】单击"场景 1"返回场景 1 中。新建图层，并将图层命名为"小蛇"，从"库"面板中拖入"小蛇"图形元件，把它放在舞台左下角，利用"任意变形工具"将小蛇调整到合适的大小，摆放位置如图 1-152 所示。

【Step2】在第 200 帧处按 F6 插入关键帧，选择第 1 ～ 200 帧之间的任意一帧，单击鼠标右键，在弹出的菜单中选择"创建传统补间"命令，利用"选择工具"改变第 200 帧处蛇的位置，效果如图 1-153 所示。

图1-152　第1帧

图1-153　第200帧

　　【Step3】在第 260 帧处按 F6 插入关键帧，将蛇的位置移到海水中，然后在"属性"面板中，把蛇的颜色透明度（Alpha 值）调整为 0，效果如图 1-154 所示。选择第 200 ～ 260 帧之间的任意一帧，单击鼠标右键，在弹出的菜单中选择"创建传统补间"命令。

　　【Step4】动画制作完成，按【Ctrl+Enter】组合键测试影片。如有不满意的地方，可以返回场景继续修改，直到满意为止。

　　图 1-155、图 1-156 分别为第 80 帧、第 240 帧时的效果。

图1-154　第260帧

图1-155　第80帧动画效果

图1-156　第240帧动画效果

第十节 按钮与声音

 案例设计

本例界面效果如图 1-157 所示。单击"play"按钮动画开始播放，爆炸声伴随着烟花动画，单击"stop"按钮暂停，再次单击"play"按钮继续播放动画，动画播放到最后，会出现"replay"按钮，单击"replay"按钮可以重新开始播放动画。其中，背景音乐贯穿在整个动画过程中。

图1-157 案例效果

 知识要点

1. ActionScript 脚本

ActionScript（AS）脚本是 Flash 专用的一种编程语言，使用 AS 脚本语言可以实现动画的交互性，从而实现复杂的动画效果。目前，AS 脚本主要有 2.0 和 3.0 两个版本。

在 2.0 版本中，AS 脚本可以添加在关键帧、按钮和影片剪辑中；3.0 版本则在关键帧上添加 AS 脚本。对于没有编程基础的同学来说，使用 3.0 版本中的"代码片段"功能可以快速地实现动画的基本交互控制。单击菜单"窗口"→"代码片段"命令，双击对应的代码片段即可将相应代码添加在关键帧上。

2. Flash 支持的声音格式

合理使用声音，可以让动画锦上添花，使动画变得更加丰富。Flash 中主要可以支持以下格式的声音文件：WAV、MP3、ASDN、AIFF、QuickTime 等。

由于在 Flash 中导入的声音文件大小，将直接决定 Flash 文件的大小，因此需平衡音质和文件大小之间的关系。通常对于网络上发布的 Flash 作品，应该采用较低的位数及采样，以缩短其在网络上下载的时间，而对于发布于光盘类等用于本地浏览的媒体，则可以适当提高位数及采样。

■ 声音的同步方式

Flash 中提供了几种声音与动画同步播放的选项，在不同的情况下选择合适的选项，可以实现不同的效果。

事件型声音：指的是播放声音时需要由一个事件触发。

事件的同步方式主要应用于两种情况：一种是应用于按钮上，将声音与按钮的某个事件进行绑定。在播放 Flash 动画时，如果单击或者鼠标经过按钮，开始播放指定的声音。另一种是应用在关键帧上的声音，即当播放 Flash 动画时，播放头到达某个关键帧时，被指定于该关键帧的声音会播放。

这种同步方式，必须等全部声音下载之后才能开始播放，一般适用于比较小的声音。

由于事件型声音在播放前必须完整下载，因此过长或过大的声音不适合应用于事件类型的同步方式。此外，事件型声音会从头到尾完整播放，因此如果要控制声音的起止，必须在需要声音暂停的位置添加一个关键帧，然后选择同一个声音，并在"属性"面板的"同步"下拉列表中选择"停止"选项。

开始型声音：将同步类型设置为"开始"时，它与"事件"类型相似，都是在某个事件被触发后播放该声音，但不同的是，设置"开始"类型时，Flash 会根据该声音是否正在播放，来决定是否开始播放此处的声音。

例如，以图 1-158 所示的时间轴为例，两个图层中添加的是同一段声音，"开始"图层中声音的同步类型为"开始"。当播放指针播放到第 20 帧时，就会自动判断当前这段声音是否正在播放，如果是，则继续播放，反之才会开始播放该声音，这样就可以避免由于事件反复触发，导致重复播放声音的问题。

停止型声音：将同步类型设置为"停止"时，即通过某个事件触发该声音时，会结束该声音的播放。

例如，以图 1-159 所示的时间轴为例，两个图层中添加的是同一段声音，"停止"图层中声音的"同步"类型为"停止"。此时当播放指针播放到第 20 帧时，就会自动判断当前这段声音是否正在播放，如果是，就会自动停止该声音的播放。

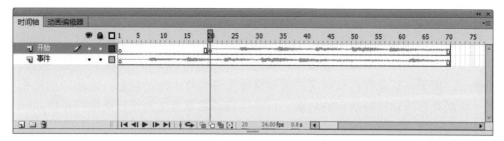

图1-158　时间轴面板（1）

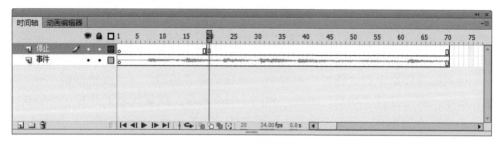

图1-159　时间轴面板（2）

数据流声音：数据流是指在动画被下载的同时播放的一类声音，经常被用来作为动画的背景音乐。这类声音与帧同步，当 Flash 文件被下载若干帧后，如果数据足够，则开始播放。

数据流声音会随着动画的结束而结束。它的特点是在网络上播放动画时，无需预先下载完整的声音数据，但如果网络不顺的话，会出现断续现象。

注意：导入的声音被添加在"库"中，而不是显示在"时间轴"上。把声音从"库"面板拖到舞台中，声音会自动在图层上显示。

■　音效设置

Flash 提供了多种声音播放效果供选择，如淡入、淡出以及声音播放的声道等。

音响"效果"下拉菜单各选项的含义如下。

无：选择此选项，不对声音进行任何设置。

左声道：选择此选项，在左声道播放声音。

右声道：选择此选项，在右声道播放声音。

向右淡出：声音在播放时从左声道向右声道渐变。

向左淡出：声音在播放时从右声道向左声道渐变。

淡入：声音在播放时音量不断增大。

淡出：声音在播放时音量不断减小。

自定义：选择此选项或单击"编辑声音封套"按钮 ，在弹出的对话框中可以自定义调整声音的变化。

3. 按钮元件

按钮元件用于创建动画中所使用的交互控制按钮，图标为 ![icon]，如具有播放功能的按钮、具有停止功能的按钮等。按钮元件通常与 Action Script 脚本结合起来一起使用。由于按钮元件可以定义并感知鼠标在该元件上方的状态，因此，如果希望某一动画具有感知鼠标状态的功能，也可以将该对象定义为按钮类型的元件。

4. 场景

简单地说，场景就像动画片当中的剧集一样，一个动画中可以包含一个或多个场景。

如果动画过长，所有动画元素都放在同一个场景中，就会很混乱，这时可以通过创建多个场景改变这种状况。场景与场景之间是平等的并列关系，可以根据需要，通过设置，实现它们之间的相互跳转。

场景的操作集中在"场景"面板中，选择菜单"窗口"→"其他面板"→"场景"命令，即可打开"场景"面板，如图 1-160 所示，默认状态下只有一个场景。

如果要添加场景，单击"场景"面板中的"添加场景"按钮 ![icon] 即可，如图 1-161 所示。

每一个场景中都可以有一个完整的动画，单击场景的名称，该场景被设置为当前场景；双击场景的名称，并在文本输入框中输入场景的名称，即可对场景进行重新命名，如图 1-162 所示。

图1-160 "场景"面板

图1-161 添加场景

图1-162 重命名

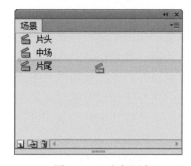

图1-163 改变顺序

对于有多个场景的文档，直接在"场景"面板中拖拽场景名称，上下移动即可改变其顺序，动画的播放顺序也将相应的被改变，如图1-163所示。

注意：默认情况下，动画将按照场景的上下顺序进行播放，可以使用Action Script脚本实现场景之间的切换。

★ 小例子：给按钮元件添加声音

【**Step1**】选择菜单"插入"→"新建元件"命令，在弹出的"创建新元件"对话框中输入元件名称"播放"，在类型中选择"按钮"选项，单击"确定"按钮进入按钮元件编辑状态。

在"播放"元件的"时间轴"面板中，一共有4个帧，这4个帧分别用于控制按钮的4种状态，如图1-164所示。

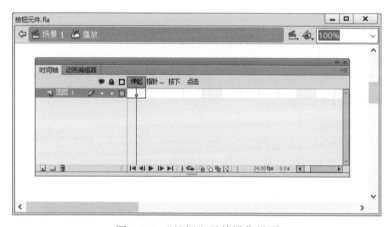

图1-164 "按钮"元件操作界面

弹起：此帧定义按钮在舞台中的常规状态，即鼠标指针不在按钮上时的状态。

指针经过：此帧定义鼠标指针滑至按钮上方时按钮的显示状态。

按下：此帧定义鼠标按下按钮时的状态。

点击：此帧定义鼠标的感知范围，这个区域在影片中是看不见的。

【**Step2**】单击选择"弹起"帧，在舞台中绘制一个灰色背景的矩形，如图1-165所示。

【**Step3**】单击"指针经过"帧，按F6插入关键帧，然后修改矩形的填充颜色为蓝色。

【**Step4**】单击选择"按下"帧，按F7插入空白关键帧，选择"弹起"帧，按【Ctrl+C】键执行复制操作，返回至"按下"帧，按【Ctrl+Shift+V】键进行原位粘贴。

【**Step5**】单击选择"点击"帧，按F6插入关键帧，定义响应鼠标动作的区域，即响应区域与按钮的大小相同。

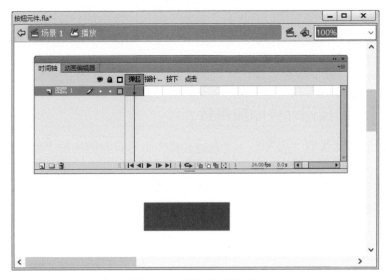

图1-165 "弹起"帧效果

【Step6】单击"新建图层"按钮，新增图层 2，使用"文字"工具输入文本"播放"，效果如图 1-166 所示。

图1-166 添加按钮上的文字

【Step7】新增图层 3，在图层 3 的"按下"帧处，按 F7 键插入空白关键帧。

【Step8】选择菜单"文件"→"导入"→"导入到库"命令，导入声音文件。

【Step9】在"属性"面板中选择声音名称为"点击.wav"，同步属性为"事件"，如图 1-167 所示。

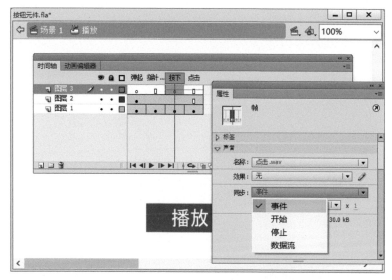

图1-167 加入声音

【Step10】此时声音已延续到"点击"帧中，单击选择"点击"帧，按F7键插入一个空白关键帧，使声音只存在于"按下"帧中。

【Step11】单击舞台左上角的"场景1"按钮，返回主场景。从"库"面板中，拖动"播放"按钮元件到第1帧。按【Ctrl+Enter】测试影片。当鼠标经过按钮时，会变成小手状，单击此按钮，即可听见按钮被触发的声音。

 案例实现

1. 准备素材

【Step1】打开在之前案例中设计的烟花动画文件。

【Step2】单击菜单"文件"→"导入"→"导入到库"命令，从外部导入声音素材文件。

【Step3】单击菜单"窗口"→"其他面板"→"场景"命令，打开"场景"面板，单击左下角的"添加场景"命令，添加场景2，设置场景2舞台背景颜色为淡黄色。

2. 制作场景2中文字动画

【Step1】在"图层1"中使用"文字工具"，输入文本"感谢您的收看"，然后设置文字合适的字体格式，并给它创建一个从底部往上移动的传统补间动画。

【Step2】第1帧文字状态如图1-168（a）所示，文字在舞台下方。在第70帧处按F6插入关键帧，使用"选择工具"改变文字的位置，摆放效果如图1-168（b）

所示，然后延长动画至 120 帧。

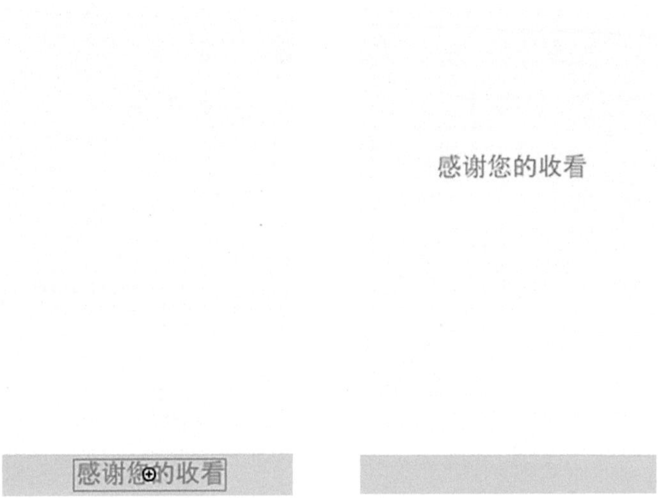

感谢您的收看

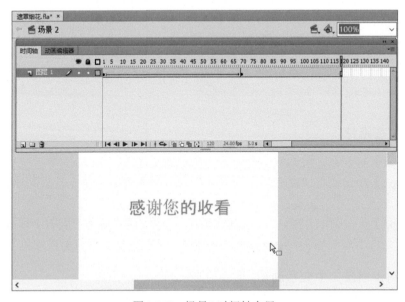

(a) 第1帧   (b) 第70帧

图1-168　文字动画

此时，场景 2 中时间轴布局如图 1-169 所示。

图1-169　场景2时间轴布局

测试影片，此时影片的场景 1 播放完以后，会自动播放第 2 场景中的动画，说明动画是根据场景的先后循序来播放的。

3. 设置"烟花爆炸声音"

【Step1】打开"场景 1"，在"场景 1"中新增两个图层，分别改名为"爆炸"和"背景音"。

【Step2】在"爆炸"图层的"属性"面板中选择声音名称为"爆炸声 .wav"文件，同步类型设为"数据流"。

该声音长度为 25.3s，可以根据自己设计的动画时长决定需要重复播放的次数。

4. 设置动画背景音乐

【Step1】在"背景"图层的"属性"面板中选择声音名称为"背景音 .wav"文件，同步类型设为"开始"。

如图 1-170 所示，整个音乐有 256.9s 长，动画用不了这么长时间，可以单击效果右边的"编辑声音封套"按钮，对声音进行编辑。

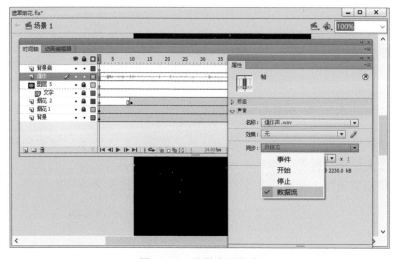

图1-170　设置背景声音

【Step2】如图 1-171 所示，上下两个波形对应的是左右声道，拖动中间时间线上的滑块可以调整声音的播放范围，拖动白色控制点设置声音的淡入淡出效果，并适当降低音量，具体设置可以根据需要来调整，直到满意为止。

注意：编辑封套里设置的声音范围只影响动画中声音的播放，与"库"面板中的原始声音没有关系。

5. 添加按钮

【Step1】单击"新建图层"按钮，创建一个新图层用来放置控制按钮。

在 Flash 的公用库中系统提供了很多预先设置好的按钮类型，单击菜单"窗口"→"公用库"→"Buttons"命令，如图 1-172 所示，从中选择一个喜欢的样式，并把它拖入舞台中即可使用。本例中选择"barblue"按钮。

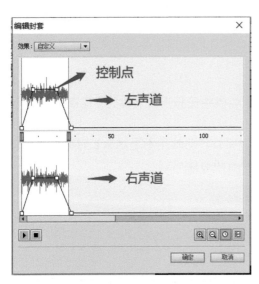

图1-171　编辑声音

图1-172　Buttons库

【Step2】双击打开"barblue"按钮元件。如图 1-173 所示，该按钮元件预先设置好了四个关键帧：弹起、指针经过、按下和点击的具体效果。当鼠标指针移到按钮上，或单击按钮时，即可产生交互，按钮也会随之改变外观。

图1-173　按钮元件

【Step3】修改按钮"text"图层上"弹起"帧上的文本，将其改为"play"。

【Step4】打开"库"面板，选择"barblue"按钮，单击鼠标右键，在弹出的菜单中选择"重命名"，将名称修改为"play"。然后单击鼠标右键，在弹出的菜单中选择"直接复制"，复制出一个按钮元件，并将该按钮元件名称修改为"stop"。双击打开"stop"按钮元件，将按钮上的文本修改为"stop"。

【Step5】利用同样的方法再创建一个"replay"的按钮，按钮上的文本相应的修改为"replay"，"库"面板中 3 个按钮如图 1-174 所示。

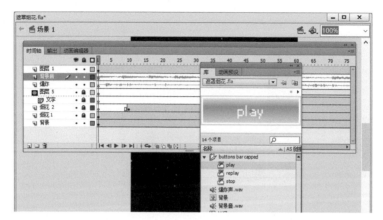

图1-174　库面板

【Step6】从"库"面板中拖入"stop"按钮到图层 1 中，摆放到舞台右下角，同时选中"play"和"stop"两个按钮，打开"对齐"面板，设置两个按钮的对齐方式为"左对齐"，并设置"匹配宽和高"，如图 1-175 所示。

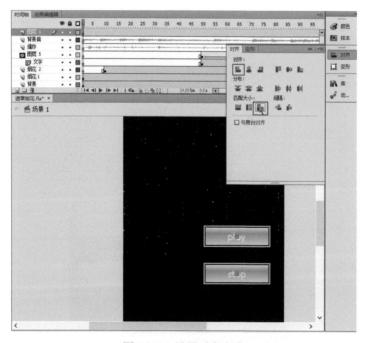

图1-175　设置对齐方式

6．设置动画的按钮交互控制，让按钮控制动画播放

【**Step1**】打开"窗口"菜单中的"代码片段"面板，如图 1-176 所示，双击"时间轴导航"中的"在此帧处停止"，系统自动在动作面板中添加了一条 stop 语句。

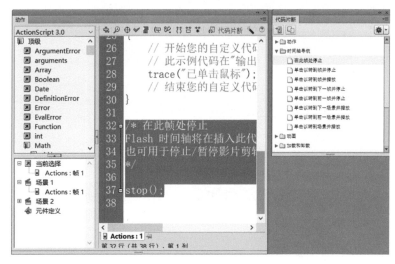

图 1-176　添加脚本

【**Step2**】返回时间轴中，此时时间轴上自动添加了一个 Actions 图层，并在第 1 帧处标识了一个字母"a"，表示此处有代码，如图 1-177 所示。播放动画，此时烟花和爆炸声停止，背景音乐在播放。

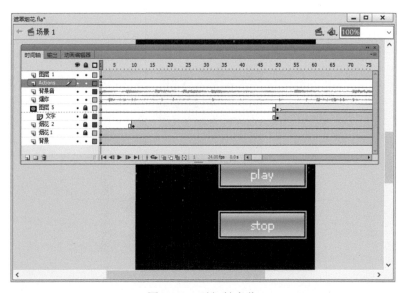

图 1-177　时间轴变化

【Step3】接下来给"play"和"stop"按钮添加代码片段。首先在"属性"面板中将这两个按钮的实例名称分别修改为"btnplay"和"btnstop"。

【Step4】选中"play"按钮，在"代码片段"窗口中，选择"事件处理函数"中的"Mouse Click 事件"，双击打开。此时，系统自动搭建了该动作的代码结构，如图 1-178 所示。

```
说明：
1. 在以下"// 开始您的自定义代码"行后的新行上添加您的自定义代码。
单击此元件实例时，此代码将执行。
*/
btnplay.addEventListener(MouseEvent.CLICK, fl_MouseClickHandler_4);

function fl_MouseClickHandler_4(event:MouseEvent):void
{
    // 开始您的自定义代码
    // 此示例代码在"输出"面板中显示"已单击鼠标"。
    trace("已单击鼠标");
    // 结束您的自定义代码
}
```

图 1-178　Play 按钮代码

把其中的 trace（"已单击鼠标"）语句改成"play()"，注意要在英文状态下进行代码书写。

利用同样的方法给"stop"按钮添加代码片段。选择"事件处理函数"中的"Mouse Click 事件"，将 trace（"已单击鼠标"）语句改成"stop()"。

同时，在单击"play"按钮之前，动画应该是停止的，所以在该事件的前面输入一条"stop()"语句，整个代码如图 1-179 所示。

```
stop();
btnplay.addEventListener(MouseEvent.CLICK, fl_MouseClickHandler);
function fl_MouseClickHandler(event:MouseEvent):void
{
    play();
}


btnstop.addEventListener(MouseEvent.CLICK, fl_MouseClickHandler_2);
function fl_MouseClickHandler_2(event:MouseEvent):void
{
    stop();
}
```

图 1-179　Stop 按钮代码

场景 1 中时间轴布局如图 1-180 所示。

【Step5】打开"场景 2"，在图层 1 的第 121 帧处按 F7 插入空白关键帧，从"库"面板中拖入"replay"按钮，调整按钮合适的大小，并摆放到合适的位置。在"属性"窗口中，设置该按钮实例名称为"btnreplay"。

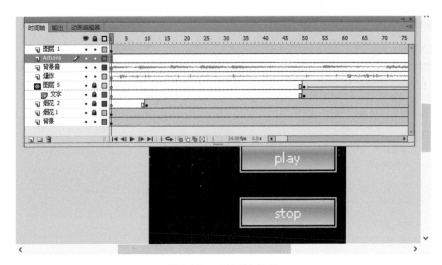

图1-180　时间轴布局

【Step6】给"replay"按钮添加代码片段。在"代码片段"面板中双击"单击以转到场景并播放"命令，代码结构如图 1-181 所示。"gotoAndPlay"表示跳转，修改"gotoAndPlay"语句中的参数"场景 3"为"场景 1"，即可实现场景之间的跳转。

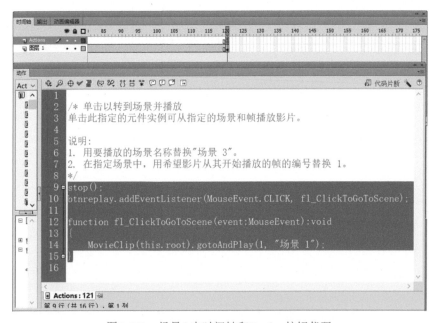

图1-181　场景2中时间轴和Replay按钮代码

【Step7】动画制作完成，按【Ctrl+Enter】组合键测试影片。如有不满意的地方，可以返回场景继续修改，直到满意为止。

第二章

Photoshop CC 2018
图形图像处理

Photoshop（PS）是目前使用最广泛的图像处理软件之一，广泛应用于平面设计、广告、美术设计、彩色印刷、排版等诸多领域，是一款真正独立于显示设备的图形图像处理软件。使用该软件可以方便的绘制、编辑、修复图像以及创建图像的特效，可以实现各种绚丽甚至超越想象的艺术效果。

为了更好地学习和掌握图形图像处理的使用技术，我们先来了解一下 Photoshop 中基本的颜色模式。颜色模式是一个非常重要的概念，用户只有了解了不同的颜色模式，才能精确地描述、修改和处理色调。下面介绍 4 种常见的颜色模式。

■ RGB 模式

RGB 模式是目前应用最广泛的色彩模式之一，它能适应多种输出的需求，能较完整地还原图像的颜色信息。

RGB 模式是基于自然界中 3 种基色光的混合原理，将红（Red）、绿（Green）和蓝（Blue）3 种基色，按照从 0（黑）到 255（白色）的亮度值，在每个色阶中分配，从而指定其色彩。当不同亮度的基色混合后，便会产生出 256×256×256 种颜色，约为 1670 万种。例如，一种明亮的红色可能 R 值为 246，G 值为 20，B 值为 50。

当 3 种基色的亮度值相等时，产生灰色；当 3 种亮度值都是 255 时，产生纯白色；而当所有亮度值都是 0 时，产生纯黑色。因为 3 种色光混合生成的颜色一般比原来的颜色亮度值高，所以 RGB 模式产生颜色的方法又被称为色光加色法。

■ CMYK 模式

CMYK 颜色模式是印刷模式。其中四个字母分别指青（Cyan）、洋红

（Magenta）、黄（Yellow）、黑（Black），在印刷中代表四种颜色的油墨。CMYK模式能完全模拟出印刷油墨的混合颜色，目前主要应用于印刷技术中。

CMYK 模式在本质上与 RGB 模式没有什么区别，只是产生色彩的原理不同，在 RGB 模式中由光源发出的色光混合生成颜色，而在 CMYK 模式中由光线照到不同比例 C、M、Y、K 油墨的纸上，部分光谱被吸收后，反射到人眼的光产生颜色。

由于 C、M、Y、K 在混合成色时，随着 C、M、Y、K 四种成分的增多，反射到人眼的光会越来越少，光线的亮度会越来越低，所以 CMYK 模式产生颜色的方法又被称为色光减色法。

■ HSB 模式

HSB 模式是基于人眼对色彩的观察来定义的，在此模式中，所有的颜色都用色相或色调、饱和度、亮度三个特性来描述。

（1）色相（H）色相是与颜色主波长有关的颜色物理和心理特性，从实验中知道，不同波长的可见光具有不同的颜色。众多波长的光以不同比例混合可以形成各种各样的颜色，但只要波长组成情况一定，那么颜色就确定了。非彩色（黑、白、灰）不存在色相属性；所有色彩（红、橙、黄、绿、青、蓝、紫等）都是表示颜色外貌的属性。它们就是色相，有时色相也称为色调。

（2）饱和度（S）饱和度指颜色的强度或纯度，表示色相中灰色成分所占的比例，用 0 ～ 100%（纯色）来表示。

（3）亮度（B）亮度是颜色的相对明暗程度，通常用 0（黑）～ 100%（白）来度量。

■ Lab 颜色模式

Lab 模式的原型是由 CIE 协会在 1931 年制定的一个衡量颜色的标准。此模式弥补了 RGB 和 CMYK 两种色彩模式的不足，是一种与设备无关的颜色模型，也是一种基于生理特征的颜色模型。

Lab 颜色是以一个亮度分量（L）及两个颜色分量（a 和 b）来表示颜色的。其中 L 的取值范围是 0 ～ 100（黑～白），a 分量代表由绿色到红色的光谱变化，而 b 分量代表由蓝色到黄色的光谱变化，a 和 b 的取值范围均为 −128 ～ 127。

Lab 模式对于 PS 极为重要，它是 PS 从一种颜色模式转换到另一种颜色模式的内部转化方式，PS 从一种颜色模式转换到另一种颜色模式时，总是先转换到 Lab模式。

Photoshop CC 2018 工作界面如图 2-1 所示。主要包括菜单栏、属性和样式栏、工具箱、图像编辑区、面板组等。用户熟练地掌握各组成部分的基本作用和使用，就可以自如地对图形图像进行操作处理。

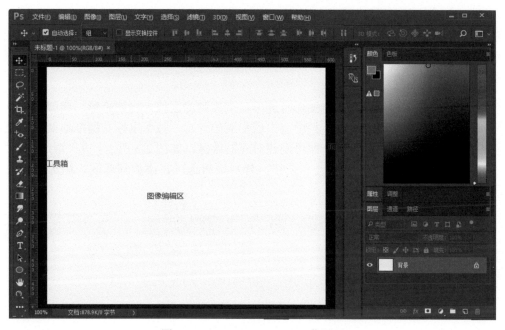

图2-1 Photoshop CC 2018工作界面

第一节 绘制气泡

 案例设计

本例主要运用Photoshop创建选区工具绘制基础图形，利用填充工具填充颜色，案例效果如图 2-2 所示。

图2-2 气泡图标

知识要点

1. 选框工具

选框工具主要用于在编辑图形时选出一个规则的区域，比如矩形、椭圆等。单击此类选择工具，在"选项"栏中会出现相应的选项。按下鼠标左键拖动鼠标，通过确定对角线的长度和方向，即可创建对应的选区，如图 2-3 所示，是"矩形选框"工具 ▦ 的选项栏，其左端有 4 个按钮，分别是新选区、添加到选区、从选区减去与选区交叉。

图2-3 矩形选框工具的选项栏

新选区：默认选项，作用是创建新的选区。若图像中已经存在选区，新创建的选区将取代原有选区。

添加到选区：将新创建的选区与原有选区进行求和（并集）运算。

从选区减去：将新创建的选区与原有选区进行减法（差集）运算，结果是从原有选区中减去与新选区重叠的区域。

与选区交叉：将新创建的选区与原有选区进行交集运算，结果保留新选区与原有选区重叠的区域。

消除锯齿：作用是消除选区边缘的锯齿，使选区边缘更加光滑。

羽化：羽化的实质是以创建时的选区边界为中心，以所设置的羽化值为半径，在选区边界内外形成一个渐变的选择区域，用来创建渐隐的边缘过渡效果。

注意：羽化参数，必须在创建选区之前设置才有效。

如图 2-4 所示是用"椭圆选框"工具选取的椭圆，其中，图 2-4（a）没有使用羽化效果，图 2-4（b）是将羽化值设置为 30 像素的效果。

操作方法：利用矩形选框工具或椭圆选框工具创建选区时，如果按住 Shift 键可以创建正方形或圆形选区；如果按住 Alt 键，则以首次单击点为中心创建选区；如果同时按住 Shift 键与 Alt 键，则以首次单击点为中心创建正方形或圆形选区。

2. 颜色填充

当使用绘图工具（比如笔类工具组、形状工具组）时，可将前景色绘制在图像上。前景色也可以用来填充选区或者选区边缘。当使用橡皮擦工具或删除选区时，图像上会删除前景色而出现背景色。

(a) 没有羽化的椭圆效果　　　　　　　　　　　　　　　　(b) 羽化的椭圆效果

图2-4　椭圆选框工具选取的椭圆

初次使用 Photoshop 时，前景色和背景色默认值为黑色和白色，按 D 键可以快速地切换为默认颜色。

如果想改变前景色或背景色，只需单击工具箱中的前景色或背景色色块，即可调出颜色拾色器，然后重新选择一种颜色即可。快捷操作：按【Alt+Delete】键填充前景色，按【Ctrl+Delete】键填充背景色。

油漆桶工具：用于填充单色（当前前景色）或图案，其选项栏如图 2-5 所示。

图2-5　油漆桶工具的选项栏

填充类型：包括前景和图案两种，选择"前景"（默认选项），使用当前前景色填充图像，选择"图案"可从右侧的图案选择器中，选择某种预设图案或自定义图案进行填充。

模式：指定填充内容以何种颜色混合模式应用到要填充的图像上。

不透明度：设置填充颜色或图案的不透明度。

容差：控制填充范围。容差越大，填充范围越广，取值范围为 0～255，默认值为 32。容差用于设置带填充像素的颜色与单击点颜色的相似程度。

消除锯齿：选中该选项，可使填充区域的边缘更平滑。

连续：默认选项，作用是将填充区域限定在与单击点颜色匹配的相邻区域内。

渐变工具：用于填充各种过渡色，其选项栏如图 2-6 所示。

图2-6　渐变工具的选项栏

单击图标▧▧▧▧▧右侧的▪可打开"预设渐变色"面板，从中选择所需渐变色。单击图标左侧的▧▧▧▧，则打开"渐变编辑器"，可对当前选择的渐变色进行编辑修改或定义新的渐变色。

▧▧▧▧▧用于设置渐变种类。从左向右依次是线性渐变、径向渐变、角度渐变、对称渐变和菱形渐变。

模式：指定当前渐变色以何种颜色混合模式应用到图像上。

不透明度：用于设置渐变填充的不透明度。

反向：选中该选项，可反转渐变填充中的颜色顺序。

仿色：选中该选项，可用递色法增加中间色调，形成更加平缓的过渡效果。

透明区域：选中该选项，可使渐变中的不透明度设置生效。

3. 图层

图层就像是含有文字或图形等元素的胶片，一张张按顺序叠放在一起，组合起来形成页面的最终效果。Photoshop 中的图像可以由多个图层组成，通常情况下，如果某一图层上有颜色存在，将遮盖住其下面图层上对应位置的图像，在图像窗口中看到的画面，实际上是各层叠加之后的总体效果。

默认情况下，Photoshop 用灰白相间的方格图案表示图层透明区域。背景层是一个特殊的图层，只要不转化为普通图层，它将永远是不透明的，而且始终位于所有图层的底部。

图像在打开时通常只有一个背景层，在设计过程中可以通过建立新的图层放置不同的图像元素，来形成图像的最终效果。

Photoshop 中的"图层"面板是用来管理和操作图层的。如图 2-7 所示，几乎所有和图层有关的操作都可以通过"图层"面板来完成。

■ 图层顺序

在"图层"面板中可以直接用鼠标上下拖拽图层来改变各图层的排列顺序。

■ 合并图层

合并图层能够有效减少图像占用的存储空间。选中图层后，在右键菜单中会有"向下合并""合并可见图层"和"拼合图像"三个命令。

向下合并：是将选择的图层与下面的一个图层合并。如果在"图层"面板中将图层链接起来，原来的"向下合并"命令就变成了"合并链接图层"命令，可将所有的链接图层合并。如果在"图层"面板中有图层组，原来的"向下合并"命令就变成了"合并图层组"命令，可将当前选中的图层组内的所有图层合并为一个图层。

合并可见图层：如果要合并的图层处于显示状态，而其他图层和背景隐藏，可以选择"合并可见图层"命令将所有可见图层合并，而隐藏的图层不受影响。

拼合图像：将所有的可见图层都合并到背景层，隐藏图层会丢失，当选择"拼合图像"命令后，会弹出一个提示框，提示是否丢弃隐藏图层，在使用这一命令时需要注意。

图2-7 图层面板

■ 更改图层不透明度

在"图层"面板右上角的"不透明度"框内，直接输入百分比值，按回车键或单击不透明度右侧的"三角"按钮，弹出"不透明度"滑动条，左右拖动滑块，可改变当前图层的不透明度。

案例实现

【Step1】打开 Photoshop 软件，在"新建"对话框中，设置宽度和高度均为500像素，分辨率为72像素/英寸，颜色模式为RGB颜色、8位，背景内容为白色，单击"确定"按钮，完成文档的创建，如图 2-8 所示。

【Step2】如图 2-9 所示，单击"图层"面板中的"创建新图层"图标，新建"图层 1"。

【Step3】选择"椭圆选框工具"，设置羽化值为 0，在画布左下方绘制一个椭圆选区，如图 2-10 所示。

【Step4】设置前景色为青色（RGB：4、184、190）。按下【Alt+Delete】键，为选区填充前景色（也可以使用油漆桶工具单击选区进行填充），然后按下

【Ctrl+D】键，取消选区，效果如图 2-11 所示。

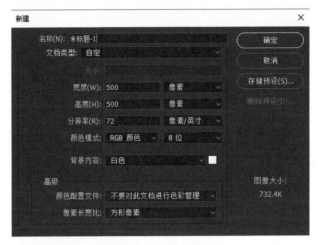

图2-8 创建文档

图2-9 创建新图层

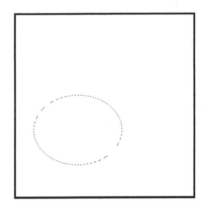

图2-10 绘制椭圆选区

【Step5】选择"多边形套索工具" ，在椭圆底部绘制一个三角形选区，按下【Alt+Delete】键为三角形选区填充青色，效果如图 2-12 所示，然后按下【Ctrl+D】键，取消选区。

【Step6】单击"创建新图层"图标，新建"图层 2"，利用"椭圆选框工具"绘制两个椭圆选区，然后填充为白色，效果如图 2-13 所示。

【Step7】单击"创建新图层"图标，新建"图层 3"，选择"椭圆选框工具"，如图 2-14 所示，在工具栏选项中选择"从选区减去"，绘制两个椭圆选区，填充为白色，选区的叠加效果如图 2-15 所示。

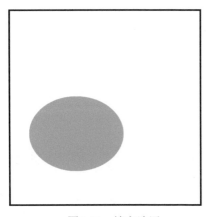

图2-11　填充选区

图2-12　绘制三角形选区

图2-13　绘制"眼睛"选区

图2-14　选项设置

【Step8】单击"创建新图层"图标，新建"图层4"，利用同样的方法，绘制另一个气泡，效果如图2-16所示。

图2-15　叠加效果

图2-16　气泡效果

【Step9】选择菜单"文件"→"存储"和"导出"命令，分别以 PSD 格式和 PNG 格式存储图像。

 第二节　女鞋 Banner

 案例设计

本例主要运用选择工具选取图形，用定义图案设计背景，结合文字工具设计文案，案例效果如图 2-17 所示。

图 2-17　女鞋 Banner

知识要点

1. 定义图案

如果想要在纸张上平铺某个图案，而该图案在系统中并没有，就可以自己定义图案。

方法：先绘制或选择需要被定义的图案，然后单击菜单"编辑"→"定义图案"，设置好图案名称，单击"确定"按钮，最后使用油漆桶工具或图案图章工具进行填充。

2. 基于颜色选取工具

■　快速选择工具

快速选择工具是一种基于色彩差别，使用画笔智能查找主体边缘的选择方法，比魔棒工具的功能更强大，使用也更方便。

使用该工具可以快速选择多个颜色相近的区域。

方法：先选择合适大小的画笔，在主体内按住画笔并稍加拖动，选区便会自动延伸查找到主体的边缘。在其选项栏中有选择、添加和减去三个按钮，如图2-18所示，分别用于选择新的选区、扩大选择区域、减少选择区域。

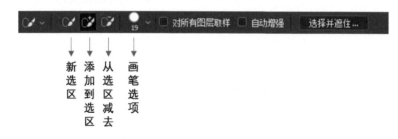

图2-18　快速选择工具选项栏

自动增强：选中该选项，可自动加强选区的边缘。

当待选区域与其他区域分界处的颜色差别较大时，使用快速选择工具创建的选区比较准确。当要选择的区域较大时，应设置较大的笔触涂抹；当要选择的区域较小时，改用小的笔触涂抹。

■　魔棒工具

魔棒工具是根据相邻像素的颜色相似程度来确定选区的选择工具，适用于快速选择颜色相近的区域。

在使用时，Photoshop 将确定相邻的像素是否在同一颜色范围容差值之内，所有在容差值范围内的像素都会被选上。这个容差值，可以在其"选项"栏中设置，其中容差的取值范围是为 0 ～ 255，默认值为32。一般来说，容差越大，所选中的像素越多。如图 2-19 所示，在其选项栏中有 4 个按钮，分别用于选择新选区、增加选择区域、减去已选择区域和与选区交叉。

图2-19　魔棒工具选项栏

连续：选中该选项，只有容差范围内的所有相邻像素被选中，否则将选中容差范围内的所有像素。

对所有图层取样：选中该选项，不管当前在哪个图层上操作，所使用的魔棒工具将对所有的可见图层起作用，而不仅仅是对当前图层起作用。

以上选择工具快捷操作方式：按住 Shift 键可以添加选区，按住 Alt 键可以减去选区。

 案例实现

1. 置入素材

【Step1】打开 Photoshop 软件，在"新建"对话框中，名称设置为"女鞋 Banner"，设置宽度为 900 像素、高度为 350 像素，方向为"横向"，分辨率为 72 像素 / 英寸，颜色模式为 RGB 颜色，背景内容为白色，单击"确定"按钮，完成文档的创建。

【Step2】设置前景色为蓝色（RGB：56、140、190），按【Alt+Delete】组合键对画布进行填充。

【Step3】在 Photoshop 中打开素材文件，如图 2-20 所示。

【Step4】选择"快速选择工具" 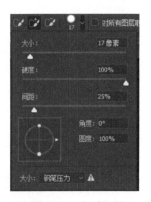，如图 2-21 所示，在其选项栏中设置画笔大小为 17，将光标移至"女鞋"图像内部边缘区域，按住鼠标左键移动鼠标，建立选区，如图 2-22 所示。

图 2-20　素材图像"女鞋"　　　　图 2-21　选项设置

图 2-22　建立选区

【**Step5**】单击菜单"选择"→"修改"→"羽化"命令，在弹出的"羽化选区"对话框中，设置羽化半径为 1 像素，单击"确定"按钮。

【**Step6**】选择"移动工具" ▶♣，将"女鞋"选区拖动至"女鞋 Banner.psd"文件所在的画布中，将得到的图层命名为"女鞋"。

【**Step7**】按【Ctrl+T】组合键，调出定界框，将"女鞋"缩小至适当大小，并单击鼠标右键，在弹出的菜单中选择"水平翻转"命令，翻转后的效果如图 2-23 所示。

图 2-23 翻转后效果

2. 定义背景图案

【**Step1**】按【Ctrl+N】组合键，弹出"新建"对话框。设置名称为"背景方格"、宽度与高度均为 10 像素、分辨率为 72 像素 / 英寸、颜色模式为 RGB 颜色、背景内容为透明，单击"确定"按钮，完成画布的创建。

【**Step2**】选择"缩放工具" 🔍，将画布放大至最大。然后，选择"矩形选框工具" ▦，在新建的画布上按住 Shift 键创建一个正方形选区，设置前景色为白色，按【Alt+Delete】组合键对选区进行填充，如图 2-24 所示。按【Ctrl+D】组合键，取消选区。

图 2-24 绘制图案

【**Step3**】单击菜单"编辑"→"定义图案"命令，在弹出的对话框中，单击"确定"按钮。

【**Step4**】回到"女鞋 banner.psd"文件的画布，单击"创建新图层"图标，创建"图层 1"。

【**Step5**】选择"油漆桶工具" 🪣，在其选项栏中设置填充方式为"图案"，并单击右侧下拉菜单按钮，在弹出的下拉菜单中，选择 Step3 中自定义的"背景方格"。

【**Step6**】在画布中单击，即可填充预设的"背景方格"图案，效果如图 2-25 所示。

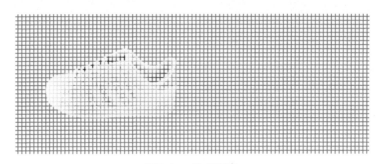

图 2-25　填充图案

【**Step7**】在"图层"面板中，将"图层 1"的图层顺序调整至"女鞋"下方（选择图层 1，按住鼠标左键进行拖动），效果如图 2-26 所示。

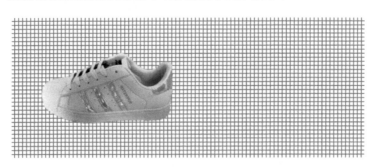

图 2-26　调整图层顺序

3. 设计背景效果

【**Step1**】在"图层"面板中，将"图层 1"的"不透明度"设置为 15%，效果如图 2-27 所示。

【**Step2**】选择"魔棒工具" ✨，在其选项栏中勾选"连续"选项。然后，在"女鞋"背后的部位，选择一些"背景方格"，按 Delete 键删除，效果如图 2-28 所示。

【**Step3**】选择"橡皮擦工具" ◢，在其选项栏中设置"大小"为 250 像素、"笔尖形状"为柔边圆，在"图层 1"上进行擦除，效果如图 2-29 所示。

图2-27　设置不透明度

图2-28　删除"背景方格"

图2-29　擦除部分背景

　　【Step4】新建"图层 2"。设置前景色为黑色，选择"渐变工具" ■，在"图层 2"中绘制一个由前景色到透明的径向渐变的圆形，作为鞋子的投影，效果如图 2-30 所示。

　　【Step5】选择"移动工具" ，将投影移至女鞋下方。按【Ctrl+T】组合键，将投影调整成如图 2-31 所示效果。

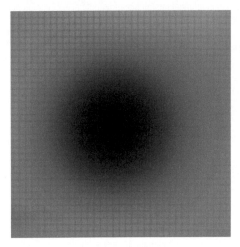

图 2-30　绘制圆形

图 2-31　摆放位置

4．输入 Banner 文案

【**Step1**】选择"横排文字工具"⊤，在选项栏中设置字体为微软雅黑、字体样式为 Bold、字体大小为 36、字体颜色为白色。在画布中输入文案内容"精品女鞋抗菌舒适"，"精品"两字字体大小设为 48，效果如图 2-32 所示。单击选项栏中的"提交当前所有编辑"按钮☑，完成当前文字的编辑。

图 2-32　输入文案内容

【**Step2**】继续在画布中输入文案内容，并根据画面调整字体的大小、颜色等，效果如图 2-33 所示。

【**Step3**】选择"直线工具"╱，在画布中绘制两条白色的直线作为装饰，并将直线的透明度设置为 65%，效果如图 2-34 所示。

【**Step4**】选择"圆角矩形工具"▢，在其选项栏中设置工具模式为"形状"、在文案"点击购买"下方绘制一个圆角矩形，效果如图 2-35 所示。案例完成，将文件分别以 PSD 和 PNG 两种格式进行保存。

图2-33　输入整个文案内容

图2-34　绘制白色直线

选项设置　　　　　　　　　　　效果

图2-35　绘制圆角矩形

第三节　舞蹈广告

 案例设计

　　本例主要运用钢笔工具设计文字"舞"的艺术效果和广告标语条，用直接选择工具进行细节调整，用画笔设计底图背景等，案例效果如图2-36所示。

图2-36 舞蹈广告

 知识要点

1. 路径基本知识

路径在 Photoshop 中是使用贝塞尔曲线所构成的一段闭合或者开放的曲线段，主要用于复杂图像区域的选取以及矢量图创作。在特殊图像选取、特效字制作、图像制作、标记设计等方面都有广泛的应用。

如图 2-37 所示，路径是由直线或曲线组合而成的，连接路径上各线段的端点叫锚点（包括平滑锚点和角点），当选中一个锚点时，这个锚点上会显示一条或两条方向线，每一条方向线的端点都有一个控制方向点，也叫句柄。曲线的大小、形状都是通过控制句柄来调节。

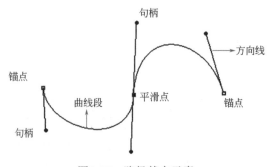

图2-37 路径基本元素

平滑点：两段曲线的自然连接点，这类锚点的两侧各伸出一个方向线和句柄，当调节其中一个句柄时，另一个句柄也随之做对称的运动。

角点：两侧的线段可以同为曲线、直线或各为曲线和直线，这类锚点两侧路径线不在一个方向线上，如图 2-38 所示。

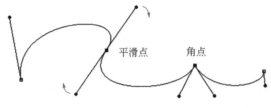

图2-38　平滑点和角点

平滑点转换为角点的方法：按住 Alt 键，拖拽平滑点两侧伸出的方向线的句柄，就可以将平滑点变成角点，此时调节一条方向线时与它相邻的方向线不受影响。

Photoshop 的路径工具包括钢笔工具组、路径选择工具和直接选择工具。其中，钢笔工具、自由钢笔工具可用于创建路径，其他工具（如路径选择工具、直接选择工具、转换点工具等）用于路径的编辑与调整。另外，使用形状工具也能够创建路径。

创建直线路径：在工具箱中选择"钢笔工具"，在选项栏上选择"路径"选项。在画布上单击，生成第 1 个锚点，移动光标再次单击，生成第 2 个锚点，前后两个锚点之间由直线路径连接起来，依次下去形成折线路径。

要结束路径，按住 Ctrl 键，在路径外单击，形成开放路径；要封闭路径，只要将光标定位在最先创建的第 1 个锚点上（此时指针旁边会出现一个小圆圈），单击即可，如图 2-39 所示。

折线开放路径　　　　　　折线闭合路径

图2-39　折线路径

在创建直线路径时，按住 Shift 键，可沿水平、竖直或 45°角倍数的方向创建路径。

创建曲线路径：在确定路径的锚点时，如果按下鼠标左键拖动鼠标，则前后两个锚点之间由曲线路径连接起来；若前后两个锚点的拖动方向相同，则形成 S 形路径；若拖动方向相反，则形成 U 形路径，如图 2-40 所示。

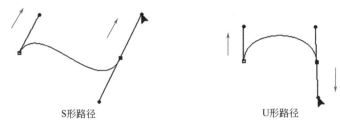

S形路径　　　　　　　U形路径

图2-40　曲线路径

图2-41　路径面板

直接选择工具，在锚点上单击即可选择锚点，在锚点上移动鼠标可改变锚点的位置。

路径选择工具，在路径上单击即可选择整个路径，选择后，按住鼠标进行移动，可改变路径的位置。

2. 路径面板

"路径"面板可以将图像文件中绘制的路径与选区进行相互转换，然后通过描绘或填充，制作出各种效果。另外，将选区转化为路径，还可以对其进行更精密的调整。如图2-41所示，在建立了路径之后，路径就会在"路径"面板中显示出来。

如图2-42所示，使用"钢笔工具"绘制了一个路径2-42（a）之后，图2-42（b）是用前景色填充路径的效果。

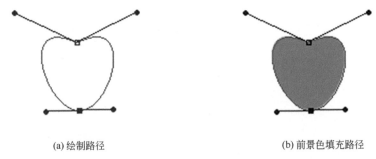

(a) 绘制路径　　　　　　　　　　　(b) 前景色填充路径

图2-42　路径及填充效果

3. 路径文字

路径文字是指沿着一个路径来输入文字，如使用钢笔、直线、形状等工具绘制路径，然后沿着路径输入文字。另外，可以根据需要移动或更改路径的形状，使文字按照新的路径或形状进行排列。图2-43所示为沿着一条用钢笔绘制的曲线输入文字的效果。

图2-43　沿曲线路径输入文字效果

4. 画笔

在使用画笔、图章、铅笔等工具时，可通过"画笔预设"面板或自定义安装画笔，从中选择画笔笔尖的形状和尺寸，以便修饰图像细节。

画笔工具可以创建出较柔和的笔触，笔触的颜色为前景色，其选项栏如图 2-44 所示。

图2-44　画笔工具选项栏

不透明度：用来定义画笔类工具进行绘图时，笔墨覆盖的最大程度，取值范围 0 ~ 100%。

流量：用来定义画笔笔墨扩散的量，即涂抹速度，取值范围 0 ~ 100%。

喷枪：当选中该效果选项时，即使在绘制的过程中有所停顿，喷笔中的颜料仍会不停地喷射出来，在停顿处会出现一个颜色堆积的色点。

画笔效果可以通过画笔预设和切换画笔面板设定项来实现，如图 2-45 所示。

如果想使绘制的画笔保持直线效果，可在画布上单击确定起点，移动鼠标到终点，按 Shift 键单击，两个单击点之间就会自动连接成一条直线。

另外，通过画笔选项的设置，可以绘制一些特

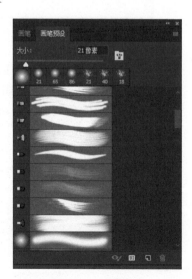

图2-45　画笔预设

殊的效果。如需绘制如图 2-46 所示效果，可以通过以下方法实现。

➢ 选择"画笔工具"，选择菜单"窗口"→"画笔"命令（或按快捷键 F5），弹出"画笔"面板。在"画笔"面板中，选择画笔形状为硬边圆，其中大小设置为20 像素、间距设置为 120%，如图 2-47 所示。

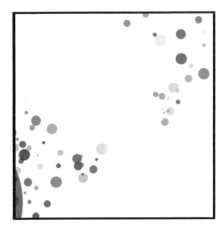

图 2-46　随机圆形绘制

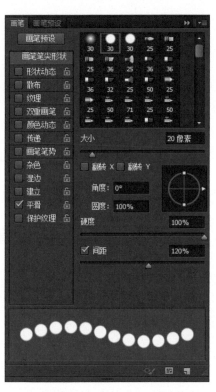

图 2-47　设置"笔尖形状"

➢ 在"画笔"面板左侧选中"形状动态"选项，参数设置如图 2-48 所示。选中"散布"选项，参数设置如图 2-49 所示。

➢ 选中"颜色动态"选项，参数设置如图 2-50 所示。选中"传递"选项，参数设置如图 2-51 所示。

➢ 设置画布前景色为白色，背景色为紫色。新建"图层 1"。在画布中按住鼠标左键不放，拖动鼠标即可完成绘制。注意画笔抖动为随机效果，可以每拖动一次鼠标更换一次颜色。

如果画笔预设中没有想要的形状，可以从网络上下载笔刷，也可以自定义画笔预设。读者可结合以上方法，使用画笔对案例进行再次设计，添加点缀。

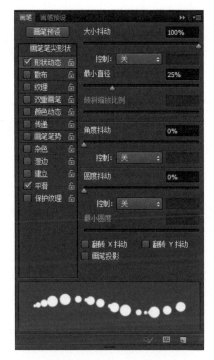

图2-48　设置"形状动态"

图2-49　设置"散布"

图2-50　设置"颜色动态"

图2-51　设置"传递"

 案例实现

1. 背景设计

【Step1】打开 Photoshop 软件，在"新建"对话框中，设置宽度为 440 像素、高度为 600 像素，方向为纵向，分辨率为 72 像素 / 英寸、颜色模式为 RGB 颜色、背景颜色为"#c0ece7"，单击"确定"按钮，完成文档的创建。

【Step2】选择"钢笔工具"，设置工具模式为"形状"，在画布左下角绘制一个颜色为"#5a5a5a"的四边形，作为装饰。

【Step3】设置前景色为"#00464e"，新增图层，利用"画笔工具"在画布四周进行涂抹，并将当前图层不透明度设置为 15%，参考效果如图 2-52 所示。

图 2-52　背景效果

2. 文字设计

【Step1】选择"钢笔工具"，设置工具模式为"形状"，绘制一条横向的波浪线，绘制过程中需要结合"直接选择工具"进行细节调整。

【Step2】绘制"舞"字其它笔画，输入文案"XXX JU LE BU"，具体过程如图 2-53 所示。

【Step3】"舞"字中间部分使用图片进行设计。选择菜单"文件"→"打开"命令，打开素材文件，并依次将素材文件拖动到当前文件中。

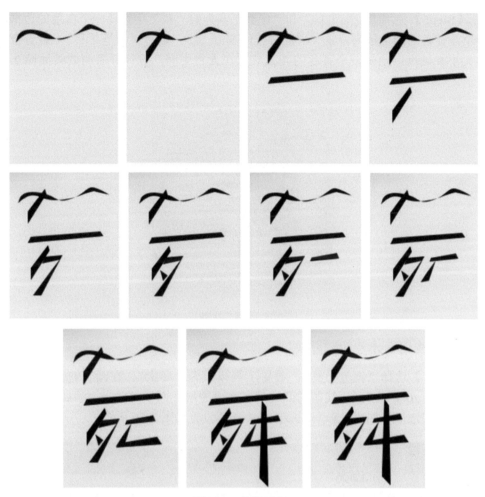

图2-53 设计过程1

【Step4】选择图片，按【Ctrl+T】键进行缩放，并把它摆放到合适的位置。其他图片的处理类似，设计过程如图2-54所示。

图2-54 设计过程2

【Step5】使用"矩形工具"和"椭圆工具"给"舞"字设计一个白色的边框和一个淡蓝色的圆形作为背景（画圆时按住 Shift 键），选择"画笔工具"，设置合适的大小和硬度，绘制一个黄色的亮光放置在人物中间，设计好后的效果如图 2-55 所示。

图2-55 "舞"字效果

3. 广告语设计

【Step1】选择"钢笔工具"，设置工具模式为"形状"，在画布右侧绘制一个填充色为"#0b87ce"、无线条的四边形，在"图层"面板中单击"添加图层样式"图标，给四边形添加"投影"图层样式。参数设置如图 2-56 所示。

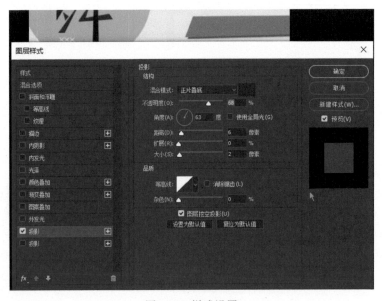

图2-56 样式设置

【**Step2**】在四边形上输入文案"舞出你的精彩"，并设置合适的字体格式。

【**Step3**】利用同样的方法，绘制其他广告语。效果如图 2-57 所示。

图2-57　广告语设计

【**Step4**】选择图片 1，按【Ctrl+T】键调整好大小，利用同样的方法对图片 5 进行处理，将它们摆放到如图 2-58 所示位置，并在图片下方按住 Shift 键绘制一个浅蓝色圆形。

图2-58　人物装饰

4．彩带装饰

【Step1】打开素材文件，选择彩带部分，拖动到当前文件中。

【Step2】按【Ctrl+T】键对彩带进行缩放和旋转，利用"橡皮擦工具"擦除彩带中不需要的部分，把它摆放到画布左下角。然后复制一份彩带图层，同样进行缩放和旋转，摆放效果如图 2-59（左）所示。

【Step3】在彩带图层下方，利用"钢笔工具"绘制一条蓝色彩带，如图 2-59（右）所示。

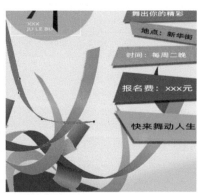

图2-59　彩带装饰

【Step4】选择"多边形工具"，在其选项栏中设置工具模式为"形状"，颜色为白色，无描边，边数为 8，缩进依据为 75%，绘制一个星形，并在"属性"面板中设置羽化值为 1.2 像素。

【Step5】选择绘制好的星形，按 Alt 键进行移动复制，复制出多个星形，摆放效果如图 2-60 所示。

图2-60　绘制星形装饰

案例完成，将文件分别以 PSD 和 PNG 两种格式进行保存。

第四节　人像美化

 案例设计

本例主要使用污点修复画笔工具去除人脸上的斑点，使用路径转选区，填充嘴唇颜色，使用画笔绘制脸上红晕，案例效果如图 2-61 所示。

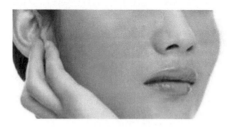

图 2-61　祛斑

 知识要点

修复类工具主要用于对图像的颜色、污点等进行修复，主要包括图章工具组、修复画笔工具组、模糊工具组和减淡工具组，常用于数字相片的修饰，以获得更加完美的效果。

1.　仿制图章工具

仿制图章工具常用于数字图像的修复，其选项栏如图 2-62 所示。

图 2-62　仿制图章工具选项栏

对齐：选中该选项，复制图像时，无论一次起笔还是多次起笔，会对像素连续取样，而不会丢失当前的取样点。如果取消选择"对齐"，每次停止并再次开始拖动鼠标光标时，则会使用初始取样点中的样本数据。

样本：确定从哪些可见图层进行取样。

■按钮：选择该按钮，可忽略调整层对被取样图层的影响。

操作方法：将鼠标移动到取样点，按住 Alt 键，单击进行取样。松开 Alt 键，将光标移动到图像的其他区域，按下鼠标左键拖动鼠标，即可开始复制图像。

2. 修复画笔工具

修复画笔工具可以将破损的照片进行修复，与仿制图章工具和图案图章工具类似，可根据取样得到的图像数据或所选择的图案，以涂抹的方式覆盖目标图像。不仅如此，修复画笔工具还能够将样本图像或图案与目标图像自然地融合在一起，形成浑然一体的特殊效果，其选项栏如图 2-63 所示。

图2-63　修复画笔工具选项栏

源：选择样本像素的类型，有取样和图案两种。"取样"，表示从当前图像中取样，取样及修复图像的方式与仿制图章工具相同。"图案"，表示使用从图案预设面板中选择的图案来修复目标图像，使用方法与图案图章工具类似。

操作方法：首先按下 Alt 键，利用鼠标定义好一个与破损点相近的基准点，然后放开 Alt 键，对需要修复的地方进行涂抹就可以了。

3. 修补工具

修补工具可以从图像的其他区域或使用图案来修补当前选中的区域。修补工具和修复画笔工具的相同之处在于：修复的同时保留图像原来的纹理、亮度及层次等信息，其选项栏如图 2-64 所示。

图2-64　修补工具选项栏

修补：包括"源"和"目标"两种使用补丁的方式。源：用目标区域的像素修补选区内像素。目标：用选区内像素修补目标区域的像素。

透明：将取样区域或选定图案，以透明方式应用到要修复的区域上。

使用图案：单击右侧的三角按钮，可以打开"图案选取器"，从中选择预设图案或自定义图案作为取样像素，修补到当前选区内。

操作方法：选择一个需要修补的区域，此时会出现一个选区虚线框，移动鼠标时这个虚线框会跟着移动，将其移动到适当到位置，比如与修补区相近的区域，单击即可。

4. 污点修复画笔工具

污点修复画笔工具可以快速移去照片中的污点和其他不理想部分，它自动从修饰区域的周围取样来修饰污点及对象，其选项栏如图 2-65 所示。

图2-65　污点修复画笔工具选项栏

画笔选项：可以选择使用画笔的大小、硬度、间距、角度、圆度等参数，其使用方法可以参照画笔工具的使用方法。

模式：点击"倒三角"箭头可以选择用来设置修复图像时使用的混合模式。除了"正常""正片叠底"等常用模式，其中"替换"模式可以保留画笔边缘的杂色、胶片颗粒和纹理。

类型：选择修复的方法，有以下 3 种。①内容识别：可以使用选区周围的像素进行修复。②创建纹理：使用选区中的所有像素创建一个用于修复该区域的纹理。③近似匹配：使用选区边缘周围的像素来查找要用作选定区域修补的图像区域。

对所有图层取样：选中后，对所有的图层进行取样；不选中，则对当前选中图层进行取样。

使用压力按钮：选中开启后，使用对画笔"大小"使用"压力"，关闭后，"画笔预设"控制"压力"，该选项需运用到外接"压感笔"设备。

扩散：选择"近似匹配"后，该选项才可出现，调整近似匹配像素的扩散程度，数值越大，扩散距离越大。

5. 红眼工具

使用红眼工具能够简化图像中特定颜色的替换，可以用校正颜色在目标颜色上绘画。例如，在拍摄的过程中，导致人物出现红眼的现象，我们就可以直接使用红眼工具进行消除。

本例中使用污点修复画笔工具去除脸上的斑点。

 案例实现

【Step1】用 Photoshop 软件打开素材文件，完成文档的创建。

【Step2】选择"污点修复画笔工具"，设置合适的画笔大小等参数，在脸上有斑点的地方单击，处理完的结果如图 2-66 所示。

【Step3】选择"钢笔工具"，在选项栏工具模式中选择路径，绘制嘴唇路径，如图 2-67 所示。按【Ctrl+Enter】键将路径转换为选区，按【Ctrl+J】键进行复制（注意不要取消选区）。

【Step4】选择新复制出来的图层，设置前景色为"#fd7878"，使用"画笔工具"在嘴唇选区上涂抹，然后设置图层混合模式为"柔光"，效果如图 2-68 所示。

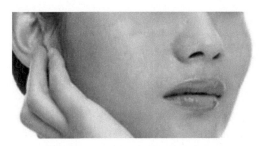

图2-66　去除斑点

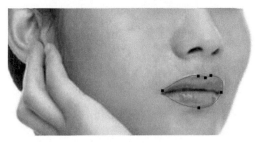

图2-67　绘制路径

图2-68　涂抹颜色

【Step5】新建图层，选择"柔边"画笔工具，设置画笔合适的大小，然后在脸颊上涂抹，并根据效果适当调整图层的不透明度，效果如图 2-61 所示。

案例完成，将文件分别以 PSD 和 PNG 两种格式进行保存。

第五节　抖音图标

 案例设计

本例主要使用形状工具的布尔运算绘制图标，利用图层混合模式设计叠加效果，案例效果如图 2-69 所示。

图2-69　抖音图标

 知识要点

1. 形状绘制工具

形状绘制工具包括矩形工具、圆角矩形工具、椭圆工具、多边形工具、直线工具和自定形状工具，使用它们可以方便地绘制出各种常见的形状及路径。该类工具具有大致相同的选项栏，如图 2-70 所示为矩形工具选项栏，其中工具模式包括形状、路径和像素。

图2-70　矩形工具选项栏

路径操作主要包括新建图层、合并形状、减去顶层形状、与形状区域相交、排除重叠形状、合并形状组件。

例如，使用椭圆工具绘制两个圆形，将它们部分重叠摆放在一起，选择不同的路径操作时，产生的效果如图 2-71 所示。

需要注意的是，运用 Photoshop 布尔运算中的命令时，两个图形必须在同一个图层上。

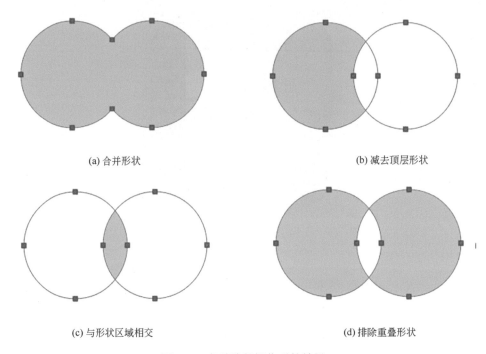

(a) 合并形状   (b) 减去顶层形状

(c) 与形状区域相交   (d) 排除重叠形状

图2-71　各种路径操作后的效果

此外，自定形状工具提供了丰富多彩的图形资源，可以直接使用。如图 2-72 所示，单击右侧的▧按钮，打开面板菜单，可以选择更多的形状添加到"自定形状"拾色器中。

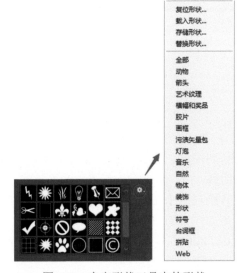

图2-72　自定形状工具中的形状

2．图层混合模式

图层混合模式决定当前图层中的像素与其下面图层中的像素以何种模式进行混合，是图像处理中最为常用的一种技术手段，使用图层混合模式可以创建各种图层叠盖效果。

图层默认的混合模式为"正常"，在这种模式下，上面图层上的像素将遮盖其下面图层上对应位置的像素。

Photoshop 中提供了设定图层之间的 6 种混合模式的选项，具体模式和作用如表 2-1 所示。

表2-1　图层混合模式

混合模式	类型	作用
正常 溶解	基础型	利用图层的不透明度及图层填充来控制下层的图像，达到与底色溶解在一起的效果
变暗 正片叠底 颜色加深 线性加深 深色	降暗型	主要通过过滤掉图像中的亮调部分，达到图像变暗的目的
变亮 滤色 颜色减淡 线性减淡 浅色	提亮型	与降暗型的混合模式相反，它通过过滤掉图像中的暗调部分，达到图像变亮的目的
叠加 柔光 强光 亮光 线性光 点光 实色混合	融合型	主要用于不同程度的融合图像
差值 排除 减去 划分	色异型	主要用于制作各种另类、反色效果
色相 饱和度 颜色 明度	蒙色型	主要依据上层图像的颜色信息，不同程度的映衬下层图像

案例实现

1．绘制背景

【**Step1**】打开 Photoshop 软件，在"新建"对话框中，设置宽度和高度均为
1024 像素、分辨率为 72 像素 / 英寸、颜色模式为 RGB 颜色、背景内容为白色，单击"确定"按钮，完成文档的创建。

【**Step2**】按下【Ctrl+R】组合键调出标尺（或者单击菜单"视图"→"标尺"命令），从标尺上拖出 4 条参考线放置在画板的四周。

【**Step3**】选择"圆角矩形工具"，在其选项栏中设置形状填充颜色为"#2b2730"、无描边颜色，在画布中绘制一个"1024×1024"像素的圆角矩形，圆角矩形的属性参数设置如图 2-73 所示。

【**Step4**】选择"椭圆工具"，绘制一个填充色为"#44333c"，大小为"770×770"像素的圆，根据图 2-74 所示，设置圆局中显示。

图 2-73　圆角矩形属性设置

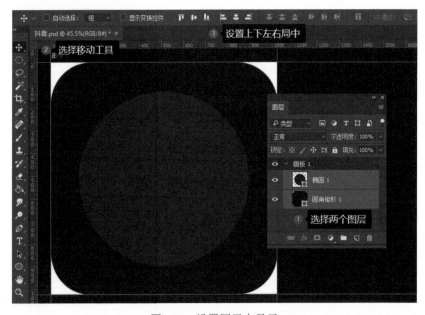

图 2-74　设置圆局中显示

【**Step5**】选择"路径选择工具"选中绘制好的圆，在其"属性"面板中蒙版属性下，将圆形的羽化半径设置为 180 像素，如图 2-75 所示。

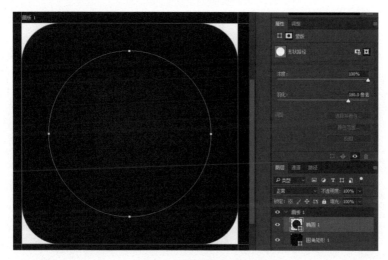

图2-75 渐变背景效果

2. 绘制图标

【**Step1**】选择"椭圆工具"，按住 Shift 键，绘制一个填充色为"#f10542"，大小为"480×480"像素的正圆，并将当前图层命名为"大圆"。

【**Step2**】使用"路径选择工具"选择大圆，按【Ctrl+C】键进行复制，再按【Ctrl+V】键进行粘贴，然后在"属性"面板中，将其大小修改为"220×220"像素的小圆，将大圆和小圆进行圆心对齐处理，摆放到如图 2-76 所示位置。

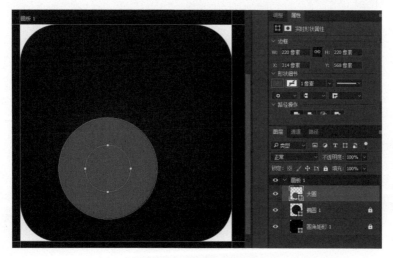

图2-76 绘制两个圆形

【Step3】使用"路径选择工具"选择小圆，在其选项栏中将布尔运算里的"合并形状"改为"减去顶层形状"，如图 2-77 所示。

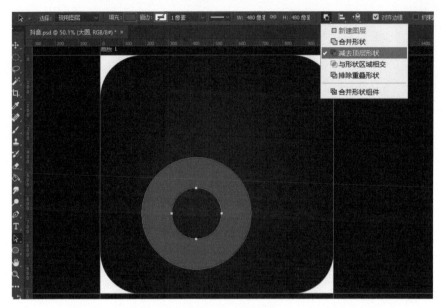

图 2-77 空心圆效果

【Step4】从水平标尺中拉出一条参考线，参考线横向穿过空心圆的中心。使用"矩形工具"，绘制一个大小为"130×514"像素的矩形，将矩形底部与参考线对齐，随后再拉出一条参考线，放置在绘制的矩形的顶端，如图 2-78 所示。

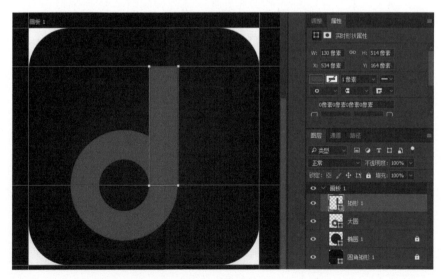

图 2-78 绘制矩形

【Step5】参照 Step1 ～ 3 的操作方法，一个绘制外圆为"620×620"像素，内圆为"360×360"像素的空心圆，放置在图标右上角区域，然后从纵向标尺中拉出一条参考线对齐新绘制的空心圆的圆心，效果如图 2-79 所示。

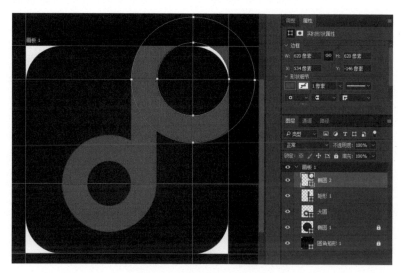

图2-79　绘制尾巴空心圆

【Step6】使用"矩形工具"，按下 Alt 键，此时布尔运算执行"减去顶层形状"命令，绘制一个矩形区域，将矩形底部对齐参考线，减去圆环上部多余的部分，同理，减去圆环右侧部分，效果如图 2-80 所示。

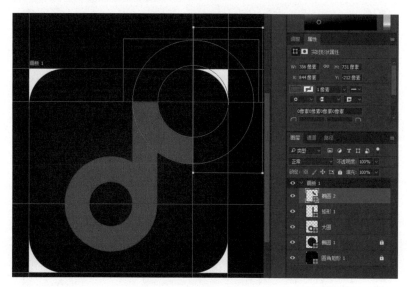

图2-80　音符尾巴绘制完成

【Step7】利用同样的方法，在"大圆"图层中绘制"70×290"像素的矩形，使其右侧跟矩形对齐，底部跟横穿圆心的参考线对齐，从而减去圆环的一部分，如图 2-81 所示。

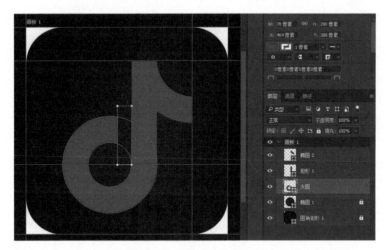

图2-81　抖音形状绘制完成

【Step8】在"图层"面板中，按住 Ctrl 键单击选择除圆角矩形 1 和椭圆 1 外的所有图层，按【Ctrl+E】键合并图层，将所有的形状合并到同一图层中，然后，在布尔运算中选择"合并形状组件"，如图 2-82 所示。

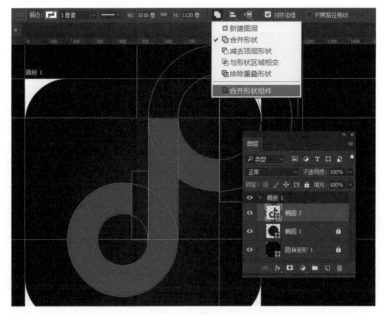

图2-82　合并形状组件

在弹出的询问是否将实时形状转变为常规路径的对话框中，选择"是"命令。

【Step9】复制一份椭圆 2 图层，单击椭圆 2 图层中缩略图，在弹出的"拾色器"面板中，设置音符填充颜色为青色"#00ffff"。

【Step10】利用"路径选择工具"选择青色音符，按键盘上的向上、向左箭头，将其向上、向左各移动 10 像素。

【Step11】如图 2-83 所示，将青色音符的图层混合模式从"正常"改为"线性减淡"。

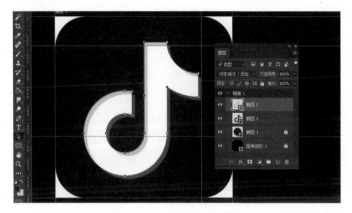

图2-83　设置图层混合模式

案例完成，将文件分别以 PSD 和 PNG 两种格式进行保存。

第六节　玉器设计

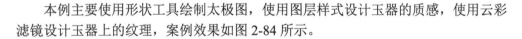案例设计

本例主要使用形状工具绘制太极图，使用图层样式设计玉器的质感，使用云彩滤镜设计玉器上的纹理，案例效果如图 2-84 所示。

图2-84　案例效果

■◁◁◁ 知识要点

1. 图层样式

图层样式是 Photoshop 中一个强大的功能，利用图层样式，可以快捷地制作出各种立体、投影、带有质感的图像特效，是创建图层特效的重要手段。

图层样式影响的是整个图层，不受选区的限制，对背景层和全部锁定的图层是无效的。

选择要添加图层样式的图层，单击"图层"面板下方的"添加图层样式"图标，打开"图层样式"菜单，Photoshop 中提供了包括斜面与浮雕等 10 种效果。

■ 斜面和浮雕："样式"下拉菜单将为图层添加高亮显示和阴影的各种组合效果，包括外斜面、内斜面、浮雕效果、枕状浮雕、描边浮雕。

■ 描边：使用颜色、渐变颜色或图案描绘当前图层上的对象、文本或形状的轮廓，对于边缘清晰的形状（如文本），这种效果尤其有用。如图 2-85 所示为给图形添加图案描边后的效果。

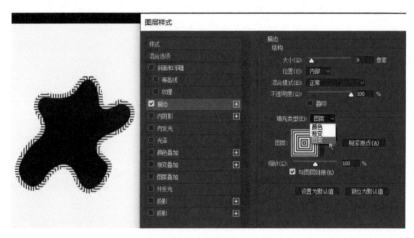

图2-85 图案描边

■ 内阴影：将在对象、文本或形状的内边缘添加阴影，让图层产生一种凹陷外观，如图 2-86 所示，为给文本对象添加了内阴影后的效果。

■ 内发光：将从图层对象、文本或形状的边缘向内添加发光效果。

■ 光泽：将对图层对象内部应用阴影，与对象的形状互相作用，通常创建规则的波浪形状，产生光滑的磨光及金属效果。

■ 颜色叠加：将在图层对象上叠加一种颜色，即用一层纯色填充到应用样式的对象上。单击混合模式右侧的色块图标，可弹出"拾色器"对话框，从中可以选

图2-86　设置内阴影

择任意颜色进行叠加。

■　渐变叠加：将在图层对象上叠加一种渐变颜色，即用一层渐变颜色填充到应用样式的对象上。通过"渐变编辑器"还可以选择使用其他渐变颜色。

■　图案叠加：将在图层对象上叠加图案，即用一致的重复图案填充对象。从"图案拾色器"还可以选择其他图案。

■　外发光：将从图层对象、文本或形状的边缘向外添加发光效果。设置好参数可以让对象、文本或形状更精美。

■　投影：将为图层上的对象、文本或形状后面添加投影效果。投影参数由"混合模式""不透明度""角度""距离""扩展"和"大小"等各种选项组成，通过对这些选项的设置可以得到需要的效果。

如果要在图层上同时添加多种图层样式，可在对话框左侧选择其他样式名称，设置相关参数即可。

如图要删除图层样式，在"图层"面板上，将图层样式拖动到删除按钮上，可将其删除。拖动图标 fx ^ 或"效果"到删除按钮上，可删除该图层的所有样式。

2．剪贴蒙版

蒙版是一种透明的模板（即一个独立的灰度图），覆盖在图像上保护某一特定的区域，从而允许其他部分被修改。它的作用就是把图像分成两个区域，一个是可以编辑处理的区域，另一个是被保护的区域，在这个区域内的所有操作都是无效的。

在 Photoshop 中，蒙版主要用于控制图像在不同区域的显示程度。根据用途和存在形式的不同，可将蒙版分为快速蒙版、剪贴蒙版、图层蒙版和矢量蒙版等多种，使用比较广泛的是剪贴蒙版与图层蒙版，本节介绍剪贴蒙版。

剪贴蒙版：在相邻的两个图层中，使用上面图层的内容覆盖到下面图层的形状上，即通过使用处于下方图层的现状来限制上方图层的显示状态，达到一种剪贴画的效果，即"下形状上颜色"。

剪贴蒙版由两部分组成：基底图层和内容图层。我们把下方限定图像形状的图层称为基底图层，把上方限定图像显示图案的图层称为内容图层，基底图层只有一个，内容图层可以有多个。创建剪贴蒙版后还可以直接再给图片图层附加一个图层蒙版，进行自由的绘制。

创建剪贴蒙版：在操作中按住 Alt 键，把鼠标放在两个相邻的图层之间的线上，出现图标时，单击，即可创建剪贴蒙版。同样的操作，可将已创建的剪贴蒙版释放，重新转化为普通图层。

也可以选择菜单"图层"→"创建剪贴蒙版"命令，为图层创建剪贴蒙版。剪贴蒙版创建完成后，内容图层带有▇图标并向右缩进。

如图 2-87 所示为给文字添加了剪贴蒙版之后的效果。

图 2-87　剪贴蒙版文字效果

案例实现

1. 绘制背景

【Step1】打开 Photoshop 软件，在"新建"文档对话框中，设置宽度和高度均为 800 像素、分辨率为 72 像素/英寸、颜色模式为 RGB 颜色、背景颜色为"#ebf5df"，单击"确定"按钮，完成文档的创建。

【Step2】使用"圆角矩形工具"，在画布中绘制一个"512×512"像素，圆角尺寸为 90 像素，填充颜色为"#e5f4ca"的圆角矩形。

2. 设置图层样式

【Step1】在"图层"面板下方单击"添加图层样式"，在弹出的菜单中选择"斜面与浮雕"，给圆角矩形添加图层样式，参数设置如图 2-88 所示。

【Step2】设置内阴影，参数设置如图 2-89 所示。

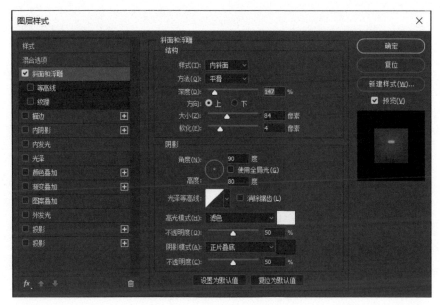

图2-88　斜面与浮雕参数设置

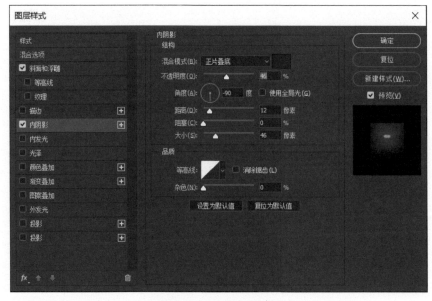

图2-89　内阴影参数设置

【Step3】设置内发光，参数设置如图 2-90 所示。

【Step4】设置投影，参数设置如图 2-91 所示。

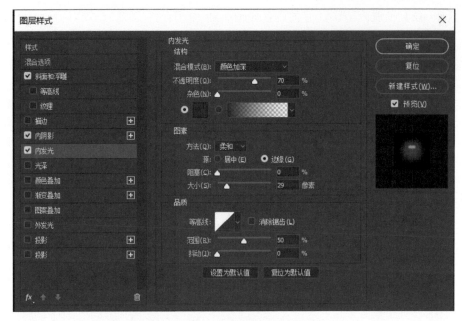

图2-90　内发光参数设置

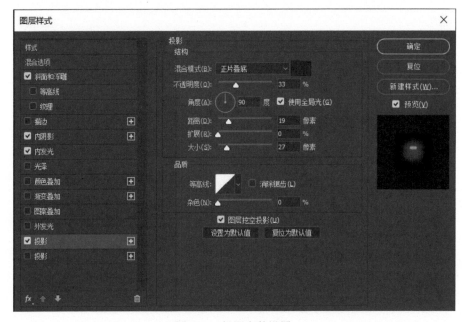

图2-91　投影参数设置

【Step5】单击投影右侧"+"，再次设置投影，参数如图2-92所示。
此时，圆角矩形效果如图2-93所示。

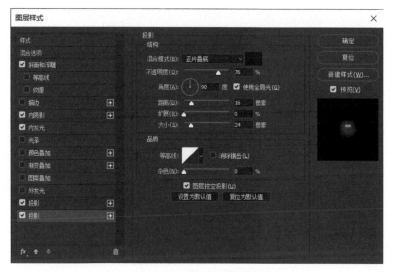

图2-92 投影参数设置

图2-93 圆角矩形效果

3．添加材质

【Step1】单击"图层"面板上的"创建新图层"按钮，新建一个图层。设置前景色为白色，背景色为黑色，选择菜单"滤镜"→"渲染"→"云彩"命令，添加云彩效果（注意该效果是随机的，可以多点几次），如图2-94所示。

【Step2】在图层1上单击鼠标右键，在弹出的菜单中选择"创建矢量蒙版"，并将图层混合模式设置为"柔光"。按【Ctrl+T】键对图层1进行缩放、旋转，直到调整到合适的效果，如图2-95所示。

4．绘制太极

【Step1】选择"椭圆工具"，按住Shift键在圆角矩形中心绘制一个"334×334"像素的圆，并将图层填充透明度设置为0%，如图2-96所示。

图2-94　添加云彩效果

图2-95　添加材质后的效果

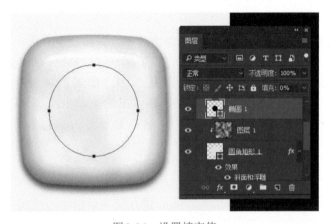

图2-96　设置填充值

【**Step2**】单击"图层"面板下方"添加图层样式"图标，在弹出的菜单中选择"斜面与浮雕"图层样式，参数设置，如图 2-97 所示。

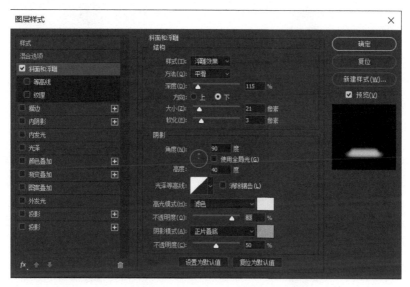

图2-97　斜面与浮雕参数设置

添加图层样式后的玉器效果如图 2-98 所示。

【**Step3**】使用"椭圆工具"，按住 Shift 键绘制一个"320×320"像素的黑色的圆，将圆移动到玉器中心位置，如图 2-99 所示。

图2-98　添加图层样式后的效果　　　　图2-99　绘制圆形

【**Step4**】选择"矩形工具"，在工具选项栏路径操作中选择"减去顶层形状"，绘制一个大小盖过半个圆形的矩形，具体效果如图 2-100 所示。

【**Step5**】绘制两个"160×160"像素的圆，分别放置在如图 2-101 所示位置。

【**Step6**】选择下方的小圆，在路径操作中选择"减去顶层形状"，再选择"合并形状组件"，然后按【Ctrl+T】键将太极图适当缩小，效果如图 2-102 所示。

图2-100　绘制矩形

图2-101　绘制小圆

【Step7】利用同样的方法，绘制两个更小的圆，放置在如图 2-103 所示位置，并将上面的圆在路径操作中选择"减去顶层形状"，再选择"合并形状组件"。

图2-102　合并形状后效果

图2-103　"太极眼"制作

【Step8】设置"太极图层""渐变叠加"图层样式，参数设置，如图 2-104 所示。

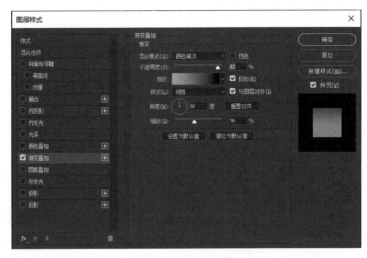

图2-104　渐变叠加参数设置

最终案例图层和玉器效果如图 2-105 所示。

图2-105 案例效果

案例完成,将文件分别以 PSD 和 PNG 两种格式进行保存。

 ## 第七节 护肤广告

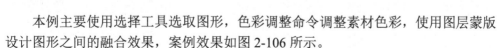 案例设计

本例主要使用选择工具选取图形,色彩调整命令调整素材色彩,使用图层蒙版设计图形之间的融合效果,案例效果如图 2-106 所示。

图2-106 护肤广告

知识要点

1. 图层蒙版

图层蒙版是在当前图层上创建的蒙版，能够在不破坏图层的情况下，用来显示或隐藏图像中的不同区域。给当前图层建立了蒙版后，可以使用各种编辑或绘图工具在图层上涂抹，以扩大或缩小显示区域。

添加图层蒙版的操作方法：选择要建立图层蒙版的图层，然后单击"图层"面板中的"添加图层蒙版"按钮，此时生成的蒙版将显示全部图像。如果在单击"图层"面板的"添加图层蒙版"按钮的同时按住 Alt 键，生成的蒙版将是完全透明的，该图层中的图像将不可见。

此外，还可以根据选区创建蒙版。

方法：首先建立选区，然后单击"图层"面板中的"添加图层蒙版"按钮，此时建立的蒙版将是选区内的图像可见而选区外的图像透明，如图 2-107 所示。

(a) 建立选区　　　　　　　　　　　　　　(b) 选区内的图像可见

图 2-107　建立选区创建蒙版示例

在"图层"面板上选择添加了图层蒙版的图层后，若图层蒙版缩略图的周围显示有边框，表示当前图层处于蒙版编辑状态，所有的编辑操作都是作用在图层蒙版上。此时若单击图层缩略图，可切换到图层编辑状态。

若图层缩略图的周围显示有边框，表示当前层处于图层编辑状态，所有的编辑操作都作用在图层上，对蒙版没有任何影响。此时若单击图层蒙版缩略图，可切换到蒙版编辑状态。

图层蒙版是以灰度图像的形式存储的，其中黑色表示所附着图层的对应区域完全透明，白色表示完全不透明，介于黑白之间的灰色表示半透明，透明的程度由灰色的深浅来决定。Photoshop 允许使用所有的绘画与填充工具、图像修整工具，以及相关的菜单命令，对图层蒙版进行编辑和修改。如图 2-108 所示为对图层蒙版进行涂抹后的效果。

图2-108　编辑图层蒙版示例

如果创建的图层蒙版不合适，可以停用或删除图层蒙版，停用的方法：

在"图层"面板上选择图层蒙版的缩略图，单击鼠标右键，在弹出的快捷菜单中选择"停用图层蒙版"命令，可以暂时停用图层蒙版，此时图层蒙版缩略图上有一个红色的"叉"，如果想重新显示图层蒙版，在右键菜单中选择"启用图层蒙版"命令即可。

删除图层蒙版的方法：

在"图层"面板上选择图层蒙版的缩略图，单击面板上的删除按钮，或者单击鼠标右键，在弹出的菜单中选择"删除图层蒙版"命令，将删除图层蒙版，蒙版效果不会应用到图层上。

2．图像色彩调整

Photoshop 的调色命令集中在"图像"→"调整"菜单下，包括色相/饱和度、亮度/对比度、色彩平衡、色阶、曲线、可选颜色、阴影、高光、黑白、反向、阈值等诸多命令。下面介绍几种常用的调色命令。

■　色相/饱和度

色相/饱和度不仅可以调整整个图像的色相、饱和度和明度，还可以调整图像中单个颜色成分的色相、饱和度和明度，或使图像成为一副单色调图形。

打开一副要调整色相/饱和度的图像，然后选择菜单中的"图像"→"调整"→"色相/饱和度"命令，弹出对话框，如图 2-109 所示。

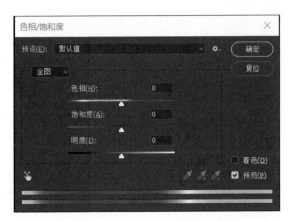

图2-109 "色相/饱和度"对话框

在图 2-109 所示对话框中，左上方有一个下拉列表，默认显示的选项是"全图"，单击右边的下拉列表箭头会弹出红色、绿色、蓝色、青色、洋红和黄色 6 个颜色选项，用户可选择一种颜色单独调整，也可以选择全图选项，对图像中的所有颜色整体调整。另外如果将对话框右下角的"着色"复选框选中，还可以将彩色图像调整为单色调图像。

■ 色阶

色阶是指图像中的颜色或颜色中的某一组成部分的亮度范围。单击菜单栏中的"图像"→"调整"→"色阶"命令，会弹出如图 2-110 所示的对话框。

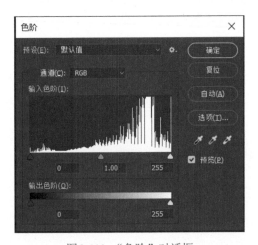

图2-110 "色阶"对话框

输入色阶：用来指定图像的最暗处（左边的框）、中间色调（中间的框）、最亮处（右边的框）的数值。改变数值，将直接影响色阶分布图中三个滑块的位置。

输出色阶：通过对两侧的文本框进行数值输入，可以调整图像的亮度和对比度。

■　曲线

曲线用来调整图像的色彩范围。与色阶相似，不同的是：色阶只能调整亮部、暗部和中间色调，而曲线将颜色范围分成若干个小方块，每个方块都可以控制一个亮度层次的变化，不仅可以调整图像的亮部、暗部和中间色调，还可以调整灰阶曲线中的任何一个点。

如图 2-111 所示曲线对话框中，左下角的端点代表暗部，右上角的端点代表高光，中间的过渡代表中间调。对于线段上的某一个点来说，向上移动是加亮，向下移动是减暗，加亮的极限是 255，减暗的极限是 0。在左方和下方有两条从黑到白的渐变条，下方的渐变条代表绝对亮度的范围，所有的像素都分布在 0 ～ 255 之间。

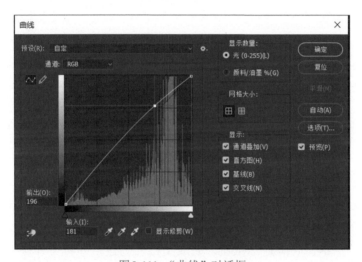

图 2-111　"曲线"对话框

■　色彩平衡

色彩平衡可以调节图像的色调，通过对图像的色彩平衡处理，可以矫正图像偏色、过饱和或饱和度不足的情况。

在如图 2-112 所示"色彩平衡"对话框中有三个滑动条，用来控制各主要色彩的变化。可以选中"阴影""中间调"和"高光"三个单选项，对图像的不同部分进行调整。选中"保持明度"复选框，图像像素的亮度值不变，只有颜色值发生变化。

调整图像的颜色时，根据颜色的补色原理，要减少某个颜色，就要增加这种颜色的补色。在图 2-112 中只要将三角形滑块移向需要增加的颜色，或脱离想要减少的颜色，即可改变图像中的颜色组成。

■　亮度 / 对比度

亮度 / 对比度可以对图像的亮度和对比度进行直接调整，类似调整显示器的亮度和对比度的效果。使用此命令调整图像颜色时，将对图像中所有的像素进行相同程度的调整，从而容易导致图像细节的损失，所以在使用此命令时，要防止过度调整图像。

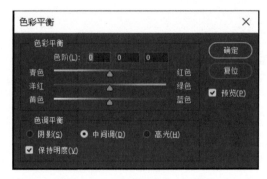

图2-112 "色彩平衡"对话框

■ 反相

反相可以制作类似照片底片的效果，可以对图像进行反相，即将黑色变成白色或者从扫描的黑白阴片中得到一个阳片。若是一幅彩色图像，反相能够将每一种颜色都反转成它的互补色。

案例实现

1．背景设计

【Step1】打开 Photoshop 软件，在"新建"文档对话框中，设置宽度为 540 像素、宽度为 360 像素、分辨率为 72 像素 / 英寸、颜色模式为 RGB、背景颜色为"#d9eec0"，单击"确定"按钮，完成文档的创建，并将文件保存为"护肤广告 .psd"。

【Step2】选择"矩形工具"，在画布中心绘制一个无填充、4 像素描边、描边颜色为"#80c269"，大小为"490×348"像素的矩形。

【Step3】利用同样的方法，绘制一个大小为"470×334"像素，描边为 2 像素的矩形，并将两个矩形局中，效果如图 2-113 所示。

图2-113 背景设计

【**Step4**】打开素材文件，利用"快速选择工具"选取素材中手部位，单击"图层"面板中的"添加图层蒙版"图标创建蒙版，如图 2-114 所示。然后将整个图层拖拽到"护肤广告"文件中，并将图层移到边框下方。

图2-114　选取手部位

【**Step5**】对"手"图层按【Ctrl+T】键进行自由变换，调整到合适的大小，然后单击鼠标右键进行垂直和水平翻转，摆放到画布左下角。此时，需要根据效果，利用"画笔工具"对图层蒙版进行细微调整，删除不需要的部分，效果如图 2-115所示。

图2-115　细节调整

【**Step6**】单击"图层"面板中的"添加图层样式"图标，选择"内发光"，参数设置如图 2-116 所示。

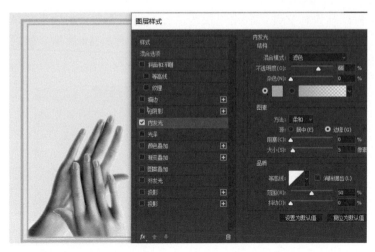

图2-116　样式设置

2．设计护肤品效果

【Step1】打开素材文件，利用"魔棒工具"选择白色部分，按【Ctrl+Shift+I】键进行反向选择。利用"选择工具"，将选取的部分拖到"护肤广告"文件中，然后按【Ctrl+T】键进行缩放调整，调整到合适到大小。

【Step2】选择菜单"图像"→"调整"→"色相/饱和度"命令，在"色相/饱和度"对话框中，设置参数如图 2-117 所示。

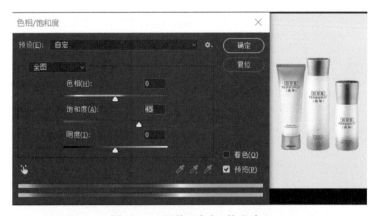

图2-117　调整"色相/饱和度"

【Step3】选择"钢笔工具"，沿瓶子边缘建立路径，然后创建选区，按【Ctrl+J】复制图层，单击"图层"面板上的"添加图层样式"图标，选择"渐变叠加"，参数设置如图 2-118 所示。

【Step4】利用同样的方法设置瓶子底部的渐变颜色，参数设置如图 2-119 所示。

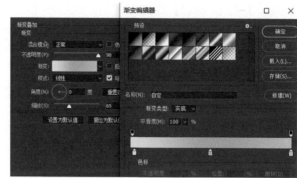

图2-118　瓶身设计

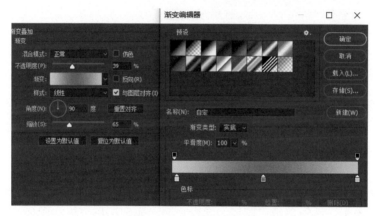

图2-119　瓶子底部设计

【Step5】依次将三个瓶子进行处理，并输入文字，参考效果如图 2-120 所示。

【Step6】选择"矩形选框工具"，设置羽化值为 10 像素，框选三个瓶子的下边部分，如图 2-121 所示。

图2-120　瓶子效果图　　　　　　　　　　　图2-121　选区设置

【Step7】按【Ctrl+J】键进行复制，然后按【Ctrl+T】键进行自由变换，单击鼠标右键，选择"垂直翻转"，将复制出来的部分垂直翻转到下方，按 Enter 键确定。

【Step8】选择"倒影"图层，单击"图层"面板上的"添加图层蒙版"图标添加图层蒙版。单击"图层蒙版缩略图"，选择"渐变工具"，设置渐变方式为深灰到透明的线性渐变，对蒙版进行填充，效果如图 2-122 所示。

图 2-122　设置渐变

3. 设计装饰品

【Step1】打开素材文件，将其拖拽到"护肤广告"文件中，按【Ctrl+T】键缩放到合适到大小。然后单击"图层"面板上的"添加图层蒙版"图标，添加图层蒙版。使用"画笔工具"，擦除蒙版中多余的部分，设置图层混合模式为深色，不透明为 80%，效果如图 2-123 所示。

图 2-123　花融合到背景

【Step2】选择"椭圆工具",绘制一个颜色为"#00561f"的椭圆,按【Ctrl+T】键进行自由缩放,单击鼠标右键,在弹出的菜单中选择"变形"命令,调节自由变换框上的节点,得到比较类似印章形状的图形,如图 2-124 所示,然后按 Enter 键确定。

【Step3】单击"图层"面板上的"添加图层蒙版"图标,给椭圆 1 图层添加图层蒙版,选择"画笔工具",将笔触设置为"喷溅 27 像素",选择图层蒙版缩略图,在图形周围部分反复单击,得到印章效果,如图 2-125 所示。

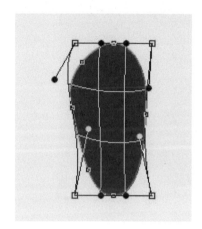

图2-124　绘制印章

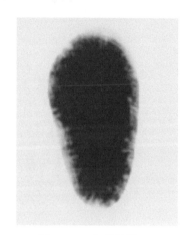

图2-125　印章效果

【Step4】选择"文字工具"输入文字"草粉",设置文字为白色,书法字体,然后调整其大小和位置,如图 2-126 所示。

【Step5】按住 Ctrl 键单击印章图层的蒙版,得到一个选区,选中文字图层,单击"图层"面板上的"添加图层蒙版"图标,添加蒙版后可得到一个比较真实的印章,效果如图 2-127 所示。

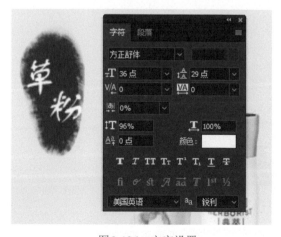

图2-126　文字设置

图2-127　印章效果

4. 文案设计

【**Step1**】在画布左上角使用合适的字体分别输入文案"美""BU ZAI SHI MENG""不再是梦",以及一条竖向的分割线。"美"字参数设置如图 2-128 所示。

图2-128   文案设计

【**Step2**】选择"矩形工具",绘制一个大小为"30×150"像素、填充颜色为"#80c269"、描边 1 像素的矩形,图层不透明度设置为 70%,输入文案"在最美的年纪遇见你",如图 2-129 所示。

图2-129   案例效果

案例完成,将文件分别以 PSD 和 PNG 两种格式进行保存。

第八节　滤镜应用

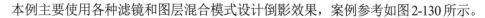 案例设计

本例主要使用各种滤镜和图层混合模式设计倒影效果，案例参考如图2-130所示。

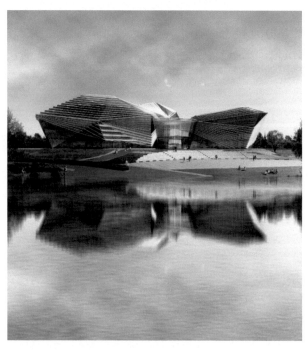

图2-130　倒影

  知识要点

1．滤镜

滤镜是Photoshop的一种特效工具，种类繁多，功能强大。滤镜操作方便，可以使图像瞬间产生各种令人惊叹的特殊效果。其工作原理：以特定的方式使像素产生位移、数量发生变化或改变颜色值等，从而使图像出现各种各样的神奇效果。

Photoshop中滤镜有很多种，需要根据图片的主题来添加不同的滤镜效果。

下面介绍几种常见滤镜。

■ 杂色滤镜

杂色滤镜：有 5 种，分别为蒙尘与划痕、去斑、添加杂色、减少杂色、中间值滤镜，主要用于校正图像处理过程（如扫描）的瑕疵。

■ 扭曲滤镜

扭曲系列滤镜是用几何学的原理来把一幅影像变形，以创造出三维效果或其他整体变化。每一个滤镜都能产生一种或数种特殊效果，但都离不开一个特点：对影像中所选择的区域进行变形、扭曲。

■ 抽出滤镜

抽出滤镜的作用是用来抠图。抽出滤镜的功能强大，使用灵活，可谓 Photoshop 的"御用抠图工具"，它简单易用，容易掌握，如果使用得好的话抠出的效果非常好，抽出即可以扣繁杂背景中的散乱发丝，也可以抠透明物体和婚纱。

■ 渲染滤镜

渲染滤镜可以在图像中创建云彩图案、折射图案和模拟的光反射，也可在 3D 空间中操纵对象，并从灰度文件创建纹理填充以产生类似 3D 的光照效果。

■ 风格化滤镜

风格化滤镜是通过置换像素和通过查找并增加图像的对比度，在选区中生成绘画或印象派的效果。它是完全模拟真实艺术手法进行创作的。在使用"查找边缘"和"等高线"等突出显示边缘的滤镜后，可应用"反相"命令用彩色线条勾勒彩色图像的边缘或用白色线条勾勒灰度图像的边缘。

■ 液化滤镜

液化滤镜可用于推、拉、旋转、反射、折叠和膨胀图像的任意区域。可将液化滤镜应用于 8 位 / 通道或 16 位 / 通道的图像。

■ 模糊滤镜

模糊滤镜可以使图像中过于清晰或对比度过于强烈的区域，产生模糊效果。它通过平衡图像中已定义的线条和遮蔽区域的清晰边缘旁边的像素，使变化显得柔和。

2. 盖印图片

盖印图层就是把所有图层拼合后的效果变成一个图层，但是保留了之前的所有图层，并没有真正的拼合图层，方便以后继续编辑个别图层。

操作方式：【Ctrl+Shift+Alt+E】。

 案例实现
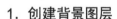

1. 创建背景图层

【Step1】打开 Photoshop 软件，选择菜单"文件"→"打开"命令，打开素材

文件，完成文档的创建。

【Step2】双击背景图层，创建图层0。

【Step3】选择菜单"图像"→"画布大小"命令，弹出"画布大小"对话框，将新建大小单位改为百分比，高度数值设为100，用鼠标点击定位中的小圆点位置，设置定位方向"向下"，具体参数设置如图2-131所示。

【Step4】复制图层0，将两个图层分别命名为"上"和"下"，选择"下"图层，按【Ctrl+T】组合键，将图形进行垂直翻转，按下回车键，结束自由变换，作为倒影使用，如图2-132所示。

图2-131　修改画布尺寸

图2-132　垂直翻转图形

2．设计倒影效果

【Step1】复制"下"图层，选择菜单"滤镜"→"模糊"→"动感模糊"命令，在弹出的"动感模糊"对话框中，参数设置如图2-133所示。选择"下"和"下拷贝"两个图层，按【Ctrl+E】键合并两个图层。

【Step2】选择"涂抹工具"，按下鼠标键，移动鼠标横向涂抹图层。

【Step3】新建一个图层，选择菜单"滤镜"→"杂色"→"添加杂色"命令，在弹出的"添加杂色"对话框中，选择"高斯分布"和"单色"，具体参数设置如图2-134所示。

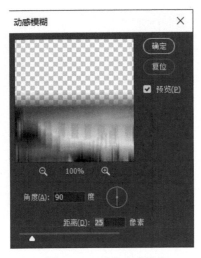

图2-133 垂直动感模糊

图2-134 添加杂色

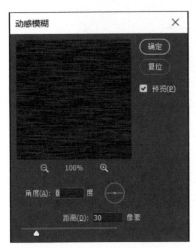

图2-135 水平动感模糊

【Step4】选择菜单"滤镜"→"模糊"→"动感模糊"命令,在弹出的"动感模糊"对话框中,设置角度和距离,参数具体设置如图2-135所示。

【Step5】选择菜单"图像"→"调整"→"色阶"命令,如图2-136所示,设置相关的参数,调整明暗的对比。按【Ctrl+T】键,单击鼠标右键,在弹出的菜单中选择"透视",利用鼠标拖动放大底部。

【Step6】选择菜单"滤镜"→"模糊"→"高斯模糊"命令,在弹出的对话框中设置半径为2像素(目的让波纹间的纹理过渡更加自然柔和)。

【Step7】复制图层1,设置下面的纹理层(图层1)的图层混合模式为"柔光",不透明度为85%。

【Step8】选择上面的纹理层(图层1拷贝),选择菜单"图像"→"调整"→"反相"命令,并将图层混合模式设置为"叠加"。

【Step9】选择"移动工具",利用键盘上的上下左右箭头移动其中一个纹理图层,使两个纹理图层的重合区域错开,以增强对比效果。

【Step10】按【Ctrl+Alt+Shift+E】盖印图片,使用"加深工具",视图情况做局部加深处理,最终效果如图2-137所示。

案例完成,将文件分别以PSD和PNG两种格式进行保存。

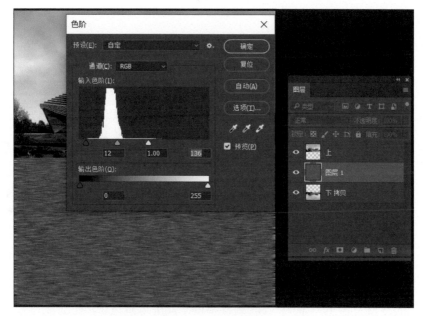

图2-136　色阶调整

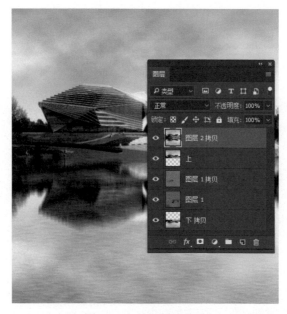

图2-137　盖印图片效果

第三章
Camtasia Studio 2019
视频处理

Camtasia Studio（以下简称 CS）软件提供了从屏幕录像、PPT 录制、视频剪辑、视频转换到生成并发布视频等全程的视频制作解决方案。功能强大，操作简单，可以方便地进行电脑视频的录制和配音、视频的剪辑和过场的动画、字幕和水印的添加、视频的封面制作等的操作，被广泛应用于教学、培训、抖音视频、腾讯课堂、网易云课堂等各种微课堂教学视频的制作中。

本章以 CS 2019 版本为例进行讲解，软件整体界面如图 3-1 所示。

图 3-1　CS 2019 软件整体界面

第一节　录制视频基本常识

1. 录制前的准备

录制视频之前要做好三方面的准备工作：一是硬件方面的准备，包括摄像头、麦克风的安装调试等；二是软件的安装，主要是 CS 软件的安装；三是录制脚本的设计与撰写，首先要对录制的内容、过程以及运用的素材进行充分地设计与准备，其次是撰写录制脚本与讲解提纲，录制时根据提纲进行录制，会使整个过程变得更加流畅、出错率较低，从而减少录制完成后编辑的工作量。

2. 录制注意事项

录制视频时，尽可能选择比较安静的环境，安静环境下录制的视频噪声小，可以保证视频整体的质量较高。其次要充分考虑视频的应用环境，若在网络上传播，则要考虑使视频文件尽量小，如果录制画面时不需要操作鼠标，就尽量保持画面在静止状态，从而减少生成关键帧。关键帧越少，后期发布的视频文件越小。最后还要正确处理错误的操作，在录制过程中如果出现一些错误的操作，比如口误等，如果此时停止操作重新录制会使工作量变大，一般可通过后期编辑将这些错误删除。

案例一　录制屏幕

单击软件左上角的"Record"按钮，弹出如图 3-2 所示的对话框，在选择区域（Select area）中，可以直接选择全屏幕录制 (Full screen)，也可以自定义录制框的大小以及区域（Custom），即根据实际需要选择电脑部分屏幕的录制。

在录制输入（Recorded inputs）栏中，根据需要设置是否打开摄像头（Camera off）和是否录制麦克风或系统的声音（Audio off）。若要真人出镜录制，可以选择打开摄像头。若仅仅想无声录制在电脑屏幕上的操作，可以选择把音频关闭。设置好相关参数后，单击"rec"按钮开始录制。

图3-2　录制对话框

开始录制后，屏幕上会出现按 F10 键停止录制和数字 3、2、1 进行倒计时的提示（Press F10 to stop the recording），倒计时到 1 时正式开始录制，如图 3-3 所示。

图3-3　按F10停止

录制过程中可以进行删除、暂停和停止操作，如图 3-4 所示。

图3-4　录制控制条

录制完成后，即可在 CS 媒体库中看到录制好的文件。

案例二　录制幻灯片

方法一：

CS 2019 软件在安装过程中会自动给 PowerPoint（PPT）安装一个 CS 录制插件，运用该插件可实现对 PPT 演示文稿的录制。

启动 PPT 后，打开所要录制的演示文稿，在"加载项"选项卡的自定义工具组中，出现 CS 录制插件的 5 个命令。如图 3-5 所示，分别是录制、录制音频、录制摄像头、显示预览、摄像头录制选项。

图3-5　PPT加载项

方法二：

录制幻灯片实质上是 CS 软件录制计算机 PPT 窗口，也可以通过自定义来录制。

如图 3-6 所示，选择定位到应用程序（Lock to application）命令，选择对应的 PPT 窗口，开始录制幻灯片。

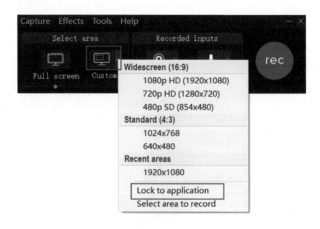

图3-6　自定义录制

第二节　媒体

　　媒体一般是指制作视频时所需要用到的文本、图形、图像等。这里指能够导入到 CS 软件媒体库中的媒体元素，包括图片、音频、视频、动画。如图 3-7 所示，可以通过按钮"+"来导入外部媒体素材。

图3-7　媒体箱

也可以直接用鼠标拖拽的方法，把演示文稿拖动到媒体箱中。如图 3-8 所示，拖入到媒体箱中的每页幻灯片会自动转化为 PNG 格式的图片，存储于媒体箱中，方便用户按照讲演顺序把每一张图片拖到时间轴进行前后排列。每张幻灯片的默认持续时长为 5s，可以通过拖动时间轴中每张幻灯片末尾来加长演示时间。

图 3-8　添加 PPT

此外，CS 库中提供了大量媒体素材，用这些媒体素材能够快速制作属于自己的微视频。如图 3-9 所示为软件自带的媒体素材。

图 3-9　自带媒体库

如果想观看 CS 软件媒体库中的媒体资源的预览效果，可以双击媒体资源，就会打开独立的预览窗口，如图 3-10 所示为双击"Icons → Buildings → Farm-01"时打开的预览窗口。

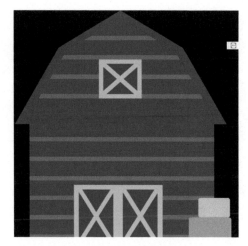

图 3-10　媒体预览窗口

　　放在画布之上的媒体元素的编辑预览，则使用独有的预览窗口。将媒体元素拖动到画布上或者拖动到时间轴的轨道上，通过预览窗口可进行预览，但最终生成视频的画面尺寸需要进行设置。

　　如图 3-11 所示，通过工具栏中的画布缩放命令（50%处）或在画布上右击，在弹出的快捷菜单中选择"项目设置"，可以设置画布尺寸、宽度、高度、颜色等选项。

图 3-11　项目设置

　　时间轴是 CS 软件编辑视频的重要窗口，把它同预览窗口、画布、属性面板等结合使用，能够快速进行视频的编辑。时间轴窗口如图 3-12 所示。

图 3-12　时间轴

轨道是时间轴上的重要组成部分，可以有若干条。用户可以根据需要随时增减轨道的数量，每一条轨道上都可以加载视频、音频、图片等媒体。同一轨道水平方向上媒体元素的排列顺序，决定着最终生成视频画面媒体元素的播放先后顺序，而垂直方向上所有轨道同一帧的画面会同时播放。

添加到轨道上的媒体元素，用户可在轨道上用鼠标拖动的方法随意改变它在轨道上的位置。运用工具栏上简单的编辑命令（剪切、复制、粘贴等），配合鼠标拖动的操作，就能简单、快速地进行媒体元素的编辑，完成视频的制作。

编辑视频时，经常需要把轨道上的某一媒体元素分成若干段，利用媒体元素的不同段来进行视频的编辑，把媒体元素分成若干段的操作称为分割。

CS 软件对媒体元素的分割是理论上的分割，而非实际的分割，也就是说当对某一媒体元素进行分割后，前一段媒体元素只是从分割点隐藏了后一段媒体元素的内容，而后一段媒体元素只是从分割点处隐藏了前一段媒体元素的内容。对每一段媒体元素，用户需要时可以拖动其播放开始或播放结束的位置，从而显示出隐藏的内容。

操作方法：在某一轨道上选定要分割的媒体元素，用鼠标拖动的方法将播放头定位在需要分割的位置，如图 3-13 所示，单击工具栏中的"分割"命令或鼠标右键单击播放头，在弹出的菜单中选择"分割选定"命令，此时媒体元素就会被分割成两部分，利用这种方法可以删除不需要的视频片段。

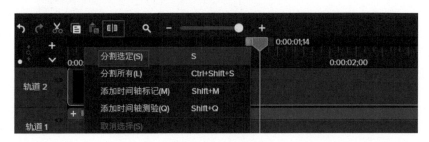

图 3-13　分割页面

加载于轨道上的视频如果包含画面和音频两部分，为了能够分别对画面和音频进行编辑，CS 软件提供了分离音频和视频的功能。分离后，音频和画面分别存于不同的轨道中，用户可以根据需要对音频或画面进行进一步编辑。

如图3-14所示，在轨道上选定视频媒体，单击鼠标右键，在弹出的快捷菜单中单击"分离音频和视频"命令即可。

图3-14 分离音频和视频

视频编辑中，音频的处理是重要内容之一。CS软件对音频的处理主要包括录制音频、音量调节、音频效果以及噪声去除等，恰当地音频处理是视频质量的重要保障。

录制语音旁白功能，能够给视频添加语音。进行视频编辑时，经常需要对视频的部分内容进行讲解，有时候前期录制视频中会存在一些讲解性的错误，需要对此部分语音进行重新录制，以达到修正的目的，这就是录制旁白。

如图3-15所示，在CS软件主窗口的左侧选项卡中选择语音旁白，即可打开对应的选项卡，单击"开始从麦克风录制"按钮即可录制。录制好旁白后，需要对语音进行保存。

对于轨道上音频媒体元素的编辑，选中某段音频媒体元素后，如图3-16所示，属性面板中会自动打开"音频"属性面板。

面板中"增益"后面有一个水平滑块，用来调节音频的音量大小，也可以直接在右侧的比例文本框中输入具体的比例数值来改变音量的大小，音量的调节范围是0～500%。

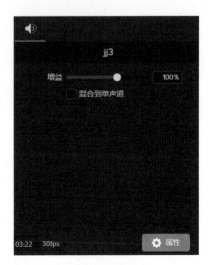

图3-15　语音旁白　　　　　　　　　　　　图3-16　音频属性

　　轨道上的音频还能够添加音频效果，从"更多"中打开"音频效果"选项，如图 3-17 所示，可以设置降噪、音量调整（Audio Compression）、淡入、淡出、剪辑速度 5 种效果。

　　添加音频效果的方法：在"音频效果"选项卡中选定某一效果，然后按住鼠标左键，把该效果拖拽到轨道上某一音频媒体元素上，此时在属性面板中，该效果面板会自动打开。

　　如图 3-18 所示为音频添加了降噪效果的属性面板。

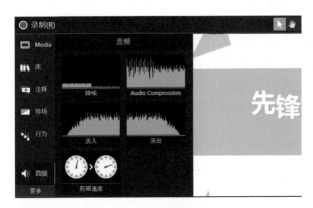

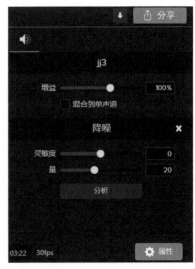

图3-17　音频效果　　　　　　　　　　　　图3-18　降噪面板

　　灵敏度的取值范围为 0 ～ 100，当该值越小时去除得噪声越少，当该值越大时去除得噪音越多。该值应设置适当，设置过大，会将讲解的声音去除，从而破坏整个音频的音质。

　　量的取值范围为 0 ～ 48，当该值越小时，去除噪声量越少，该值越大时去除噪声量越多，同样应该设置适当的值，否则会把许多有用的声音去除。

　　此外，在编辑过程中，经常会出现在某一时间段内没有语音讲解，但是有很大的背景噪声，在这种情况之下，运用 CS 音频处理的静音功能，能够把该段音频替换为静音，替换静音前需要将其他轨道锁定。

　　如图 3-19 所示，选择需要去除噪声的轨道，用鼠标拖动播放头左侧的选择起点滑块（绿色滑块），设置音频的开始位置，用鼠标拖动播放头右侧的选择终点滑块（红色滑块），设置音频的结束位置，然后在所选音频上单击鼠标右键，在弹出的快捷菜单中选择"静音音频"即可。

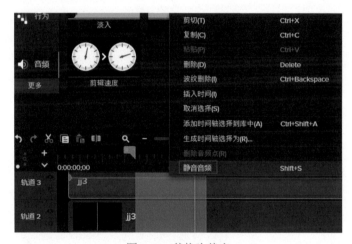

图 3-19　替换为静音

第三节　场与动画

　　观众在电视或电影当中经常会看到，在一个镜头结束与下一个镜头开始之间有一个过渡效果。CS 软件在编辑视频时，也可以实现视频剪辑之间的过渡效果，这种效果叫做转场。

　　转场效果实际上是设置了前一片段媒体的退出效果和后一片段媒体的进入效果。CS 软件提供了褪色、运动、对象、格式化、擦拭 5 类共 30 种转场效果，如图 3-20 所示。

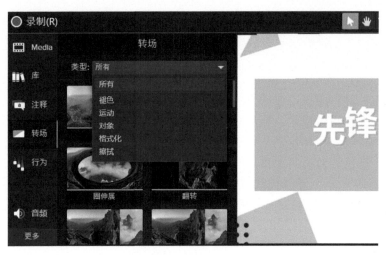

图3-20　"转场"选项

如果用户想查看某种转场的实际效果，可以把鼠标悬停于某一种转场效果上，此时该转场效果会自动播放。

当把某一种转场效果添加到轨道上两个片段媒体之间后，属性面板中会打开"转场"面板，如图3-21所示。

"转场"面板用于轨道上选定转场的种类改变。

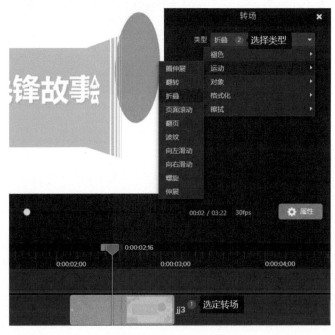

图3-21　"转场"面板

单击"转场"面板中类型右侧的下拉列表框，弹出转场类型菜单，菜单中每一个类型选项的子菜单为该类型下的所有转场效果。选择某一种，则替换轨道上选定的转场效果。

编辑视频时，为了使观看者清晰地看到视频的某个局部，或者看到画面的全部，需要对视频进行放大或缩小，也就是镜头的缩放。

镜头缩放主要通过"缩放和平移"选项卡来完成，在 CS 软件主窗口的选项卡中选择"动画"选项卡，如图 3-22 所示，选项卡中包含"缩放和平移"和"动画"两个子选项卡。

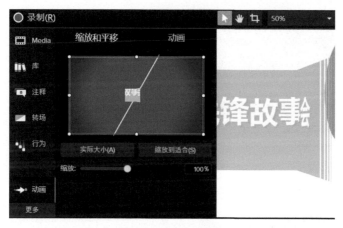

图 3-22　缩放和平移

"缩放矩形选框"：显示了轨道当前帧的视频尺度大小、位置。视频画面周围有 8 个圆句柄，将鼠标移动到某一圆句柄上，按住鼠标左键拖动，调整视频画面在右侧预览窗口与画布上的尺寸大小。当拖动原句柄使矩形选框变小时，会使预览窗口与画布中的视频局部放大。当拖动原句柄使矩形选框变大时，就会使预览窗口与画布中的视频局部缩小。对矩形选框进行缩放调整时，会在视频所在轨道上添加一个动画。

"实际大小"：是指媒体元素尺寸的实际大小。单击此按钮，会创建一个使播放头位置的所有媒体元素还原到 100% 的缩放动画。如果媒体元素的尺寸大于或小于原始尺寸，则单击此按钮为播放头位置的所有媒体元素添加缩放动画。

"缩放到适合"：是指媒体元素尺寸的大小适应画布的大小。单击此按钮会创建一个使播放头位置的所有媒体元素适合画布大小的一个缩放动画。也就是说，如果媒体元素的尺寸与画布大小不相符，单击此按钮，会为播放头位置的所有媒体元素添加一个从现有尺寸到画布大小的缩放动画。

缩放动画的操作方法：首先选择要设置缩放动画的轨道，并将其他轨道锁定，然后把播放头定位于设置缩放动画的起始位置，在"缩放和平移"选项卡中用鼠标

图 3-23　动画创建

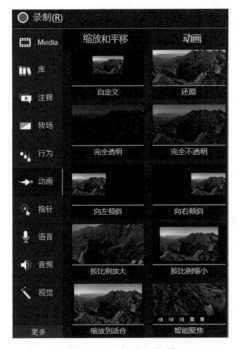

图 3-24　"动画"选项

移动缩放矩形选框的位置,此时轨道播放头所在的位置自动添加一个动画,动画的开始处有一个白色小圆圈(开始控制句柄)和绿色动画图标,结束处有一个白色大圆圈(结束控制句柄),表明动画创建完成,如图 3-23 所示。

此外,CS 软件提供了一些已经设计好的动画,把这些动画直接应用于轨道的媒体元素上,可快速制作带有动画效果的视频。

如图 3-24 所示,"动画"选项卡中有 10 种动画效果,用户在使用前可以对某种动画实际效果进行预览,然后根据需要选择某种动画效果,用鼠标拖动的方式,把该动画拖动到轨道的媒体元素上,此时轨道的媒体元素上会出现一个动画的图标,表示完成了动画的添加。

案例　转场与动画使用

【**Step1**】启动 CS 软件，新建项目，保存文件。单击"导入媒体"，把文件导入"媒体箱"中，然后从"媒体箱"中把导入进来的 3 张 PNG 图片按顺序依次添加到轨道 1 上。

【**Step2**】打开"转场"选项卡，在"类型"右侧下拉列表框中，选择"运动"选项，从转场列表区中选择"折叠"转场。

【**Step3**】用鼠标把"折叠"转场拖拽到轨道 1 上的图片 1 与图片 2 之间，图片 1 结束位置与图片 2 开始位置出现绿色矩形后，松开鼠标左键，完成转场的添加。默认的转场时间为 1s，也就是图片 1 的播放转场时长是 1/2s，图片 2 的播放转场时长是 1/2s。

【**Step4**】把鼠标移至转场的开始或结束位置，当鼠标指针变成双向箭头时，按住鼠标左键向左或向右拖动，调整转场的时长为 2s。

【**Step5**】在"转场"选项卡的类型中，选择"运动"选项，从转场列表中选择"波纹"转场效果，并把它拖到轨道 1 上的图片 2 与图片 3 之间，完成两张图片之间"波纹"转场效果的添加。

【**Step6**】用鼠标把图片 3 向右移动，使之与图片 2 有一定间隔，选定图片 3 开始处的"波纹"转场效果，在"属性"面板中"转场"面板的类型下拉列表框中，选择"对象"，在其子菜单中选择"立方体"转场，将图片上开始处"波纹"转场替换为"立方体旋转"转场。

【**Step7**】把图片 3 开始处的"立方体旋转"转场时长调整为 1s，用鼠标拖拽的方法把图片 3 向左推移，使之与图片 2 无缝对接。

在轨道上添加完转场的效果，如图 3-25 所示。

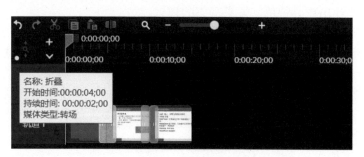

图3-25　添加转场

【**Step8**】将播放头定位于 7s 处，单击"动画"选项卡中的"缩放与平移"，调整缩放矩形选框到图片右下角"onClipEvent 处"。

添加动画后的窗口如图 3-26 所示。

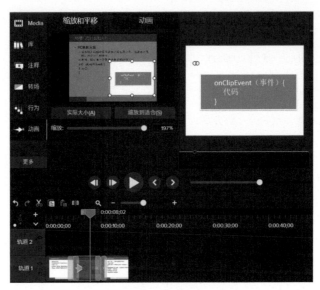

图 3-26　设置缩放动画

第四节　行为与指针效果

1. 行为

行为是指给媒体元素添加的一种动画效果，包括媒体元素进入、持续、退出时的动画效果，主要用于图片、视频、动画类媒体元素。合理地将行为运用到媒体元素上，能够制作出更具特色、富有动感的视频。

在 CS 软件的主窗口选项卡中选择"行为"选项卡，如图 3-27 所示，CS 软件提供了包括漂移、褪色、下落和弹跳、弹出、脉动、揭示、缩放、偏移、滑动等共11 种行为效果。

每一种行为都包括进入、持续、退出三种行为模式，也就是进入动画、持续动画和退出动画。CS 软件为每一种行为的每一种方式都设置了默认的参数值，可以根据需要进行修改。

如图 3-28 所示，为媒体添加"下落和弹跳"行为的属性面板。可以分别设置进入、持续、退出三种动画效果的样式、方向等参数。

2. 指针效果

给录制的视频添加指针效果，特别是录制计算机操作步骤的视频，用指针效果突出显示操作过程，会达到良好效果。

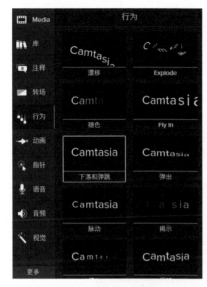

图3-27　"行为"选项

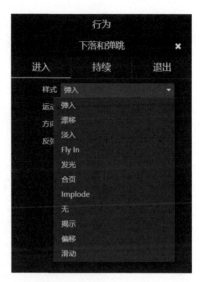

图3-28　"行为"面板

CS 2019 版本中指针效果的运用分成两步，第 1 步是在录像机中先开启指针效果并录制视频，如图 3-29 所示。第 2 步是在编辑录制视频时先进行指针效果的编辑，然后把指针效果应用到视频上。

图3-29　开启指针效果

在选项卡中选择"指针效果"选项卡，打开"指针效果"窗口，该窗口包括指针效果、左键点击指针效果、右键点击指针效果三个选项，如图 3-30 所示为指针效果选项页面。

如图 3-31 所示，为给轨道上的视频媒体元素添加了"指针高亮"以后的效果。

当为视频媒体元素添加了指针效果后，属性窗口中就会自动打开该指针效果面板。面板中可对指针效果参数进行设置，不同的指针效果参数不同。

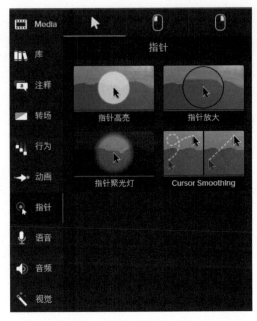

图3-30　指针效果选项

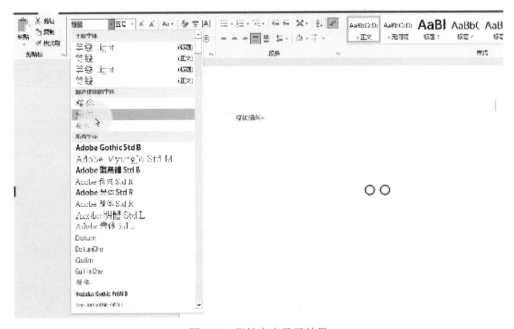

图3-31　指针高亮显示效果

如图3-32所示为指针高亮的参数图。包括指针缩放、不透明度和高亮显示的颜色、不透明度、大小、柔软度、淡入和淡出效果的设置。

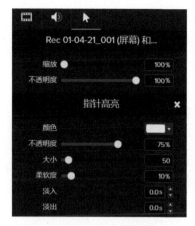

图3-32 指针效果参数设置

案例 行为与指针效果设置

【**Step1**】启动 CS 软件，单击"媒体箱"，把文件导入"媒体箱"中，将图片"1.jpg"从"媒体箱"中拖动到轨道 1 上。

【**Step2**】单击软件左上角的"录制"按钮，打开录制窗口，在录制窗口中单击菜单"Tools"（工具）→"Recording toolbars…"（录制工具栏）→勾选"Effects"（效果），单击"OK"（确定）按钮。

【**Step3**】启动 Word 软件

【**Step4**】在 CS 软件录制窗口中选择录制范围为"Custom"（自定义）→"Lock to application"（锁定应用程序），锁定录制窗口为 Word 应用程序。单击"rec"按钮开始录制。

【**Step5**】在 Word 软件中输入文本"视频编辑"，设置字体为"楷体"、字号为"小一"，并居中显示。

【**Step6**】上述操作完成后，单击 CS 软件录像中的"Stop"按钮停止录制。此时，录制好的视频添加在"媒体箱"中，将该视频从"媒体箱"中拖动到轨道 1 图片的后面，时间轴效果如图 3-33 所示。

图3-33 时间轴效果

【**Step7**】选定轨道 1 上的图片，在选项卡中选择"行为"选项卡，打开"行为"窗口，从列表中选择"缩放"，用鼠标拖动的方法把该行为拖动到轨道 1 的图片上。

【**Step8**】在右边"行为"属性面板中设置该行为的进入、持续、退出效果参数，如图 3-34 所示。

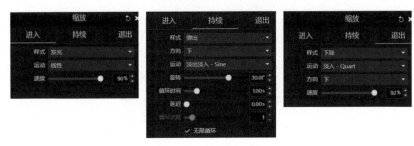

图3-34　进入、持续、退出效果参数设置

【**Step9**】选定轨道 1 上的视频，在选项卡中选择"指针效果"选项卡，在打开的"指针效果"窗口中选择"指针效果"，用鼠标拖动的方法把"指针高亮"效果拖到轨道 1 的视频上，在"指针效果"面板中设置该指针效果的参数，如图 3-35 所示。

【**Step10**】选定轨道 1 上的视频，在"指针效果"窗口中选择"左键点击"选项卡，用鼠标拖动的方法把"左键点击圆环"效果拖到轨道 1 的视频上，在"指针效果"面板中设置"左键点击圆环"效果的参数如图 3-36 所示。

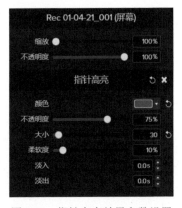

图3-35　指针高亮效果参数设置

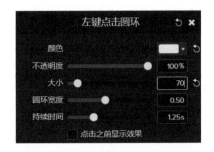

图3-36　左键点击圆环效果参数设置

第五节　注释

注释是指在媒体中添加注释，指向特效或强调重点内容的文字或图形，其主要

作用是吸引观众的注意力，或者对某些内容做进一步的解释。在 CS 软件的主界面中选择选项卡中的"注释"，即可打开"注释"选项卡。

如图 3-37 所示，"注释"选项卡包括标注、箭头和线条、形状、特效、动画绘制标注和按键标注 6 个子选项，每一个子选项卡包括样式、注释列表区两部分。"样式"右侧有下拉列表框，列表框中的列表项是该类注释中所包含注释的样式种类，注释列表区列出了某种样式所有的注释。

添加注释的操作方法：在"注释"选项卡中选择某一类注释以及该注释的样式，并在注释列表区中列出的所有注释中，双击选择所需要的注释，将其添加到轨道上。如果不需要注释，选择该注释，直接按 Delete 键即可。

添加注释后，选择注释，如图 3-38 所示，该注释四周会有 8 个空心圆句柄，将鼠标移动到其中任意一个圆句柄上，该圆句柄变成白色，此时用鼠标拖动圆句柄，可以改变注释的大小。另外，还有一个指向圆句柄，鼠标移到其上会变成黄色，拖动该圆句柄可以改变指向的位置、方向等。

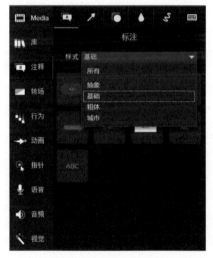

图3-37　"注释"选项

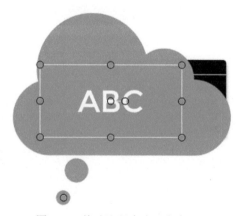

图3-38　修改注释大小、方向

此外，注释的内部有两个空心圆句柄，一个是注释的中心圆句柄，将鼠标移动到其上，会变成白色实心圆句柄，它是用来改变注释在画布上的位置；另一个是注释中心圆句柄右侧的旋转圆句柄，鼠标移动到其上会变成绿色实心圆句柄，且鼠标指针变成旋转箭头，该句柄用来旋转注释。

注释的设置，包括注释本身参数设置、效果设置和文本属性设置三方面，添加到轨道上的注释类别不同，所需要编辑的属性也不同，但都是使用面板来完成属性的设置。

如图 3-39 所示，为添加了标注注释的属性面板，可以根据需要进行相关属性设置。

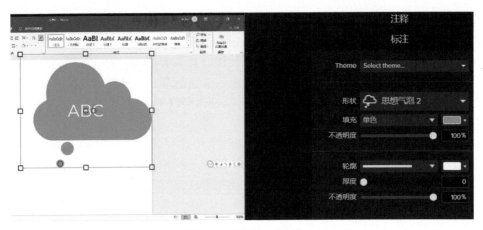

图3-39 "标注"面板

标注上的文本内容默认为 ABC，用户需要对文本内容进行添加或者修改。

方法：选定标注之后，在默认文本"ABC"上双击，此时文本变成反白显示，表示文本已处于可编辑状态，输入所需要的文本内容即可，如图 3-40 所示。

图3-40 文本修改

案例 注释的应用

【Step1】把视频文件导入到媒体箱中，在时间轴工具的缩放条上，单击鼠标右键，在弹出的快捷菜单中选择"缩放到合适"命令。

【Step2】在注释轨道上把播放头定位于 0:00:11;22 处，选择"注释"选项卡，并添加一个"聚光灯"注释，调整该注释的结束时间为 0:00:25;07 处。在画布上调整该注释的位置、大小与视频右上方操作区域相匹配，如图 3-41 所示。在"属性"窗口的"聚光灯"注释面板中设置强度数值为 70。

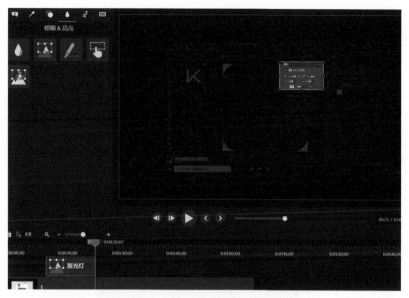

图3-41　聚光灯注释在画布上的位置

【Step3】在注释轨道上把播放头定位于 0:01:02;20 处，选择"注释"选项卡，添加一个"矩形动画绘制"注释，调整该注释的结束时间为 0:01:06;24 处，在画布上调整该注释的位置、大小与视频中操作滑块的区域相匹配，如图 3-42 所示。在"属性"窗口的"动画绘制"面板中设置绘制时间为 1s。

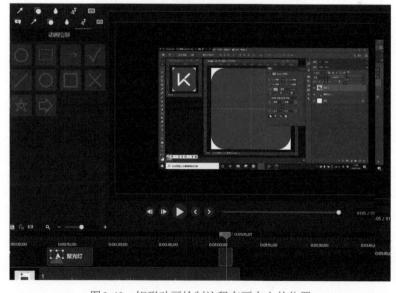

图3-42　矩形动画绘制注释在画布上的位置

第六节　标题与字幕

1. 标题

标题通常包括片头剪辑、片尾剪辑、标题剪辑。片头剪辑是给观众的第一视听感受，往往为视频的主标题。片尾剪辑一般为视频的设计者、制作者等信息。标题剪辑是指视频某一小部分的标题。

如图3-43所示，CS软件提供了大量制作片头、片尾的素材，合理使用这些素材，便可以轻松地制作出视觉效果极佳的片头和片尾。这些素材存放在CS软件的库中。

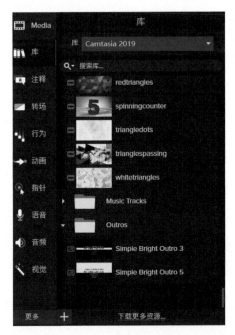

图3-43　"库"选项

此外，用户还可以使用其他软件进行自主设计，制作出属于自己特色的片头和片尾，在CS软件中使用，或者到网络上下载相关的视频素材，用于视频片头和片尾的制作。

2. 字幕

字幕是指显示在视频上的文本，主要是播放媒体资源时为观众提供视觉上的帮助或者解释性的信息。CS软件对于字幕的管理非常方便，"字幕"窗口中可以方便的完成字幕的添加和编辑。

如图 3-44 所示，字幕窗口包括脚本选项、字幕列表区、添加字幕按钮。

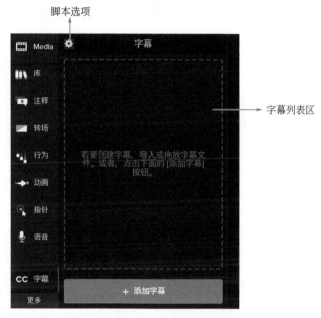

图3-44 "字幕"窗口

脚本选项用来导入或导出字幕文件，如图 3-45 所示，包括同步字幕、导入字幕、导出字幕和语音转字幕 4 个功能。

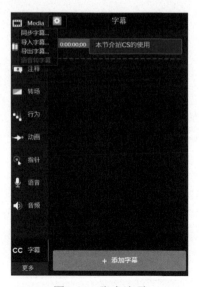

图3-45 脚本选项

字幕编辑窗口如图 3-46 所示。

图 3-46　编辑字幕

设置字幕时可以不使用默认的 ADA 字幕，而根据自己需要设置字幕的字符格式。

打开字体属性按钮，打开"文本样式"窗口。如图 3-47 所示，包括对文本样式、字体、颜色、大小、填充颜色、不透明度、对齐等参数的设置。

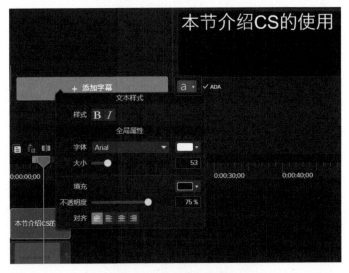

图 3-47　自定义字幕窗口

使用"同步字幕"功能可以把大量的文本快速制作成字幕。把文本内容进行复制，在"字幕"窗口中单击"添加字幕"按钮，在打开的字幕编辑窗口的文档输入区中粘贴文本，则会在轨道上添加一段字幕，效果如图 3-48 所示。

在"字幕"选项卡中单击"脚本选项"按钮，在弹出的菜单中选择"同步字幕"命令，打开"如何同步字幕"窗口，如图 3-49 所示。

图3-48　添加字幕

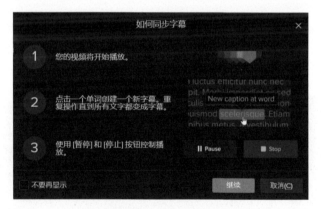

图3-49　"如何同步字幕"窗口

单击"继续"按钮后，会弹出如图3-50所示的"字幕和音频同步"对话框，选择其中一个选项进行字幕同步，此时会开始播放视频。

视频播放过程中，当听到一句话结束后，在字幕窗口的文本显示区中，单击下一句话开始的单词，就会创建一条新的字幕，重复这样的操作就可以把全部文本分割成若干条新的字幕，实现字幕与画面、音频的同步。实现同步字幕后的效果如图3-51所示。

此外，还可以使用语音转字幕功能来生成字幕，实现字幕与音频同步。CS软件提供了语音转字幕的功能，能够从声音或轨道上的音频中自动识别语音内容并创建字幕。

由于每个人说话速度、用词风格等存在较大差异，因此给语音识别带来了较大的困难，为了提高语音识别的精度，必须经过语音识别的训练。

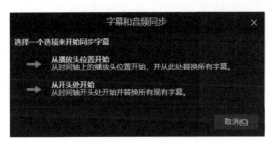

图3-50 "字幕和音频同步"窗口

图3-51 同步字幕后的窗口

在字幕窗口中单击"脚本选项"按钮，在弹出的菜单中选择"语音转字幕"命令，打开的窗口如图3-52所示，该窗口中会有一些提示以帮助用户提高音频自动生成字幕的准确性。

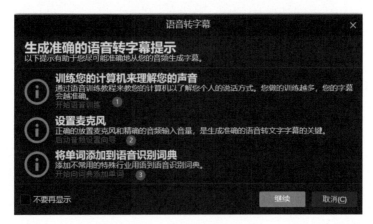

图3-52 "语音转字幕"窗口

① 训练您的计算机理解您的声音。经过声音训练，计算机会了解用户个人讲话的方式、语速、用词等，这样会更精确地识别讲话的内容。单击"开始语音训练"链接，打开"语音识别语音训练"窗口，如图3-53所示。

单击"下一步"按钮，进入训练系统，将一次显示一行文本，如图3-54所示，读完一行后将自动显示下一行，直至完成全部训练。

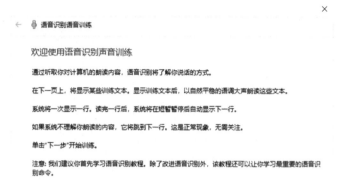

图3-53　"语音识别语音训练"对话框

图3-54　语音训练页面

②　设置麦克风。语音转字幕实现字幕与音频的同步，在此过程中需要充分考虑音频的声音是通过外置麦克风还是通过计算机内部线路来获得。这需要在操作系统下调整录音设备的来源，也可以在 CS 软件中启动音频设置向导。在图 3-52 所示窗口中，单击"启动音频设置向导"链接，打开"麦克风设置向导"对话框，从对话框中选择录音设备，并依据提示完成录音设备的设置，如图 3-55 所示。

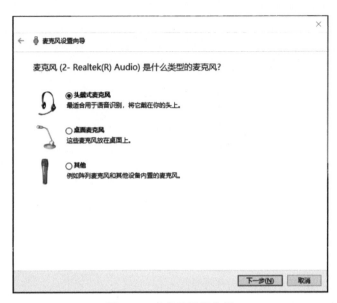

图3-55　麦克风设置向导

③ 语音字典。进行语音转字幕之前，还可以将一些新字、词添加到 CS 软件的语音字典中，在图 3-52 所示窗口中，单击"开始向词典添加单词"链接，打开"语音字典"对话框。如图 3-56 所示，对话框中包含"添加新字词""阻止听写某个字词"两个选项。用户依据需要进行选择，并根据提示完成新字词的添加，同时如果有经常性听写错误的词，还可以通过"阻止听写某个字词"，并依据提示将某个字词禁止听写，来提高其准确性。

图3-56　"语音字典"对话框

最后在生成视频时，如果想显示字幕，需要在生成视频过程中的"生成向导"窗口中，"选项"页面中进行设置，如图 3-57 所示，勾选"字幕"选项，在字幕类型右侧下拉框当中选择"烧录字幕"，同时勾选"在播放时显示字幕"。

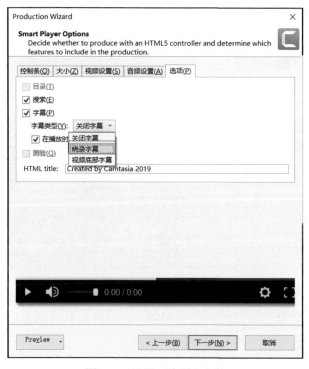

图 3-57　设置"选项"参数

第七节　测验

测验是指通过设置相关的测验题，检验学员观看视频后的学习效果。在 CS 软件中制作测验时必须使用测验视图。

默认情况下，测验视图处于关闭状态，可以通过【Ctrl+Q】组合键或者单击时间轴上的"显示或隐藏测验或标记"按钮，在下拉菜单中选择"测验"来打开测验选项，如图 3-58 所示。

测验视图处于显示状态时，不仅会在轨道上方打开，而且所有加载了媒体的轨道上都会显示一条添加测验的区域。当鼠标悬停在某一轨道测验条区域时，会出现一个带有加号的绿色圆和一条绿色直线，此时单击，则在该轨道上添加一个测验，如图 3-59 所示。

图 3-58　打开"测验"选项

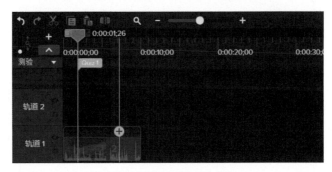

图 3-59　测验视频下的轨道

　　测验分成时间轴测验和媒体测验两种，时间轴测验对所有轨道上媒体均起作用，而媒体测验只对单一轨道上的媒体起作用。

　　时间轴测验添加在测验轨道上，该轨道与其他轨道在形态上不同，是一条较窄的轨道，而且不可用轨道命令对其进行操作，在视觉上轨道只有测验标识。添加到时间轴上的测验，在其他轨道上对媒体进行移动、删除等操作时，都不影响时间轴测验，而且时间轴测验不能与其他轨道上的媒体一同添加到库中。

　　媒体测验添加在某一个轨道上，其实质是与该轨道上的媒体共用一个轨道，只是在轨道上方增加了一个测验条，用来承载测验标识。在轨道上对媒体进行删除等操作时，会对添加到该轨道上的媒体测验起作用，而且如果将媒体保存到库，则测验也会一同随媒体保存。

　　媒体测验和时间轴测验可以相互转换。

　　例如，将媒体测验转换为时间轴测验，将鼠标悬停于某个媒体测验上，沿着媒体测验的绿色线向上移动到测验轨道上，此时出现一个带有加号（+）的绿色圆与一条绿色直线的测验标识，单击即可将媒体测验转换为时间轴测验。转换前后的对比图如图 3-60 所示。

　　添加到轨道上或媒体上的时间轴测验和媒体测验，还只是一个测验的标识，并没有实际的测验内容，因此还需要对每一个测验进行内容的编辑。

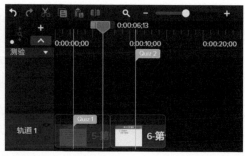

图 3-60　媒体测验转换为时间轴测验

　　选择某一个测验，在属性窗口中就可以打开"测验问题"属性窗口。如图 3-61 所示，在该窗口中可以设置问题类型、问题文本、答案以及显示反馈等内容。

　　问题类型包括多项选择题、填空题、解答题和判断题 4 种，从类型右侧的下拉列表框中进行选择。

　　"显示反馈"被勾选时，会出现"如果正确""操作""如果不正确""操作" 4 个参数的设置。"如果正确"右侧的文本框中可输入用户回答正确时的提示信息。"操作"右侧的下拉列表框中选择具体操作（继续、转到网址、跳转到时间、跳转到标记），如图 3-62 所示，其他参数类似。

图 3-61　测验问题属性窗口

图 3-62　"显示反馈"参数设置

　　"预览测验外观"按钮用于打开测验预览窗口，对用户所编辑的问题进行预览，如图 3-63 所示。

如图 3-64 所示，为测验选项窗口。在该窗口中可以对测验的内容进行设置，包括测验名称、是否查看测验结果、统计测验分数等。

图 3-63　测验预览窗口　　　　　　　　　　　　图 3-64　测验选项窗口

生成带有测验的视频时，需要进行相关的设置。

单击 CS 软件主窗口工具栏中的"分享"按钮，在弹出的"生成向导"窗口中，"选项"页面勾选"测验"，如图 3-65 所示。

图 3-65　选项设置

单击"下一步"，并在"测验报告选项页"（Quiz Reporting Options）中，设置测验相关的参数，如图 3-66 所示。

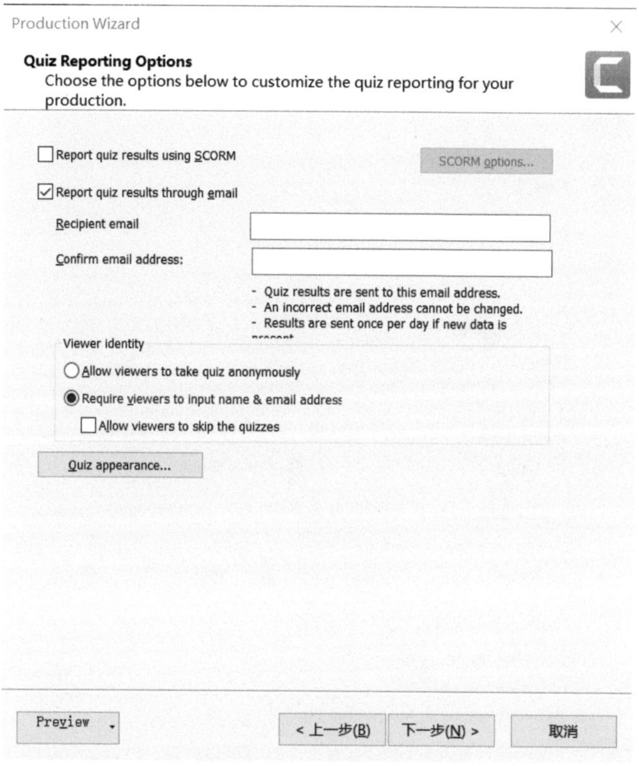

图 3-66　测验报告选项页面

使用 SCORM 报告测验结果（Report quiz results using SCORM）：勾选此复选框，"SCORN 选项"按钮处于激活状态，单击此按钮打开"清单选项"窗口，如图 3-67 所示，可以设置课程信息（Course information）、测验通过及格分数（Quiz success）、完成要求查看所需百分比（Completion requirement）、SCORN 打包选项（SCORN Package options）等内容。

测验通过及格分数（Quiz success）：是指对观看视频用户回答测验题时，及格分数的最低要求，通过右侧的水平滑块来调整比例要求。

完成要求查看所需百分比（Completion requirement）：是指对用户观看视频总量的要求，通过右侧的水平滑块来调整查看百分比的数值。例如，设置为 60%，则用户在答题前必须看完 60% 的视频才能进行答题。

测验外观（Quiz appearance）主要完成答题界面设置。每个参数后面的文本框内容默认为英文，可以自行修改文本框里面的内容，如图 3-68 所示为修改后的效果。

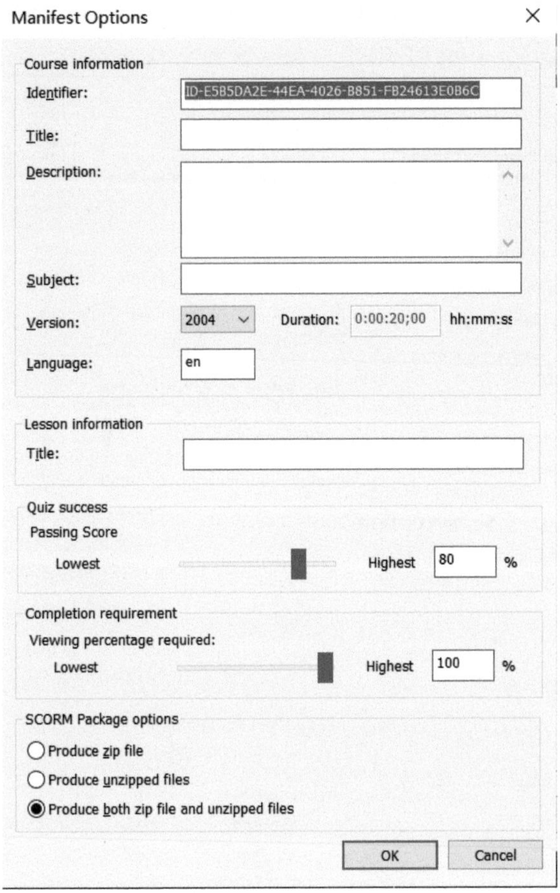

图3-67 “清单选项”对话框

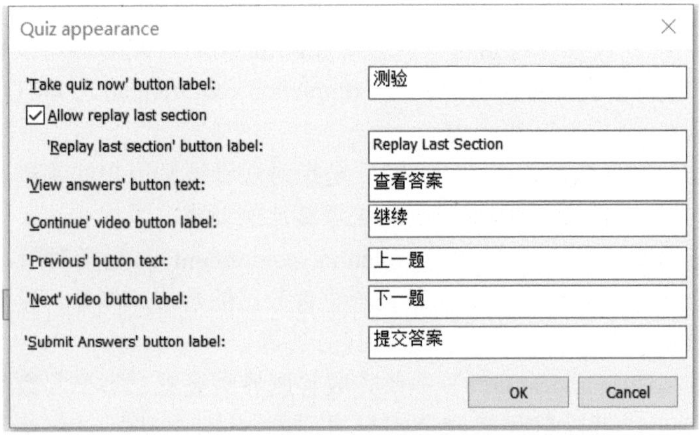

图3-68 测验外观设置

视频生成后，在浏览器中打开，即可查看效果，如图3-69所示，可以看到播放进度条上有两个白色圆点，代表该视频有两个测验。

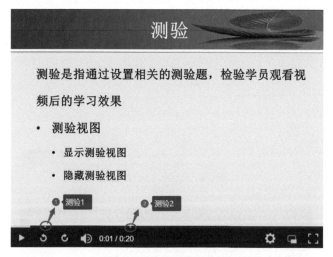

图3-69　含有测验的视频

当播放到"测验1"处时，视频停止播放，弹出"测验"和"Replay Last Section"选项，如图3-70所示，供用户进行选择。

图3-70　测验1页面

当用户点击"测验"按钮后，则出现如图3-71所示的窗口。

观看者开始答题，单击"提交答案"按钮后，进入如图3-72所示的窗口。

当整个视频播放完毕，观看者也做了两个测验。

图3-71　测验1答题页面

图3-72　答题反馈

第八节　分享视频

完成整个视频的编辑后，可以生成并分享为视频。CS 软件为用户提供了生成视频的不同途径，也为用户提供了生成视频的不同方法。运用这些途径与方法，可将视频生成不同格式并分享于不同应用环境当中。

单击软件窗口右上方的"分享"按钮，在弹出的下拉菜单中选择生成与分享视频的方式，选择其中一个选项，进入"生成向导"窗口。

下面以自定义生成设置的方式，根据向导介绍生成视频的方法。操作过程如图 3-73 所示。

图3-73　自定义生成设置

　　单击"新建自定义生成"后，如图3-74所示，在生成向导对话框中选择其中一种视频文件格式，单击"下一步"按钮，会进入不同的页面。

　　下面以选择MP4格式为例，继续介绍相关内容。

图3-74　选择视频格式页面

　　"Smart Player 选项"页面如图 3-75 所示，包括控制条、大小、视频设置、音频设置、选项 5 个选项卡。

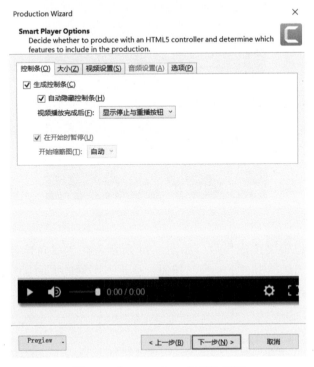

图 3-75　"Smart Player 选项"页面

　　"控制条"选项卡中的参数主要决定在生成视频中，是否有控制视频播放的控制条。
　　"大小"选项卡主要设置嵌入大小和视频的大小。
　　"视频设置"选项卡包括帧率、每秒钟多少关键帧、编码模式等。
　　"音频设置"选项卡类似于"视频设置"。
　　"选项"选项卡包括目录、搜索、字幕、测验等内容的设置，如图 3-76 所示。
　　当编辑的视频需要运用字幕时，必须勾选"字幕"选项，在字幕类型右侧的下拉列表框中选择"烧录字幕"，同时勾选"在播放时显示字幕"选项，否则生成的视频无法显示字幕。
　　当视频包含测验时，必须勾选"测验"选项，在"测验报告选项"页面中，单击"Quiz appearance"按钮，可以对测验外观进行设置，具体外观设置可以参考前面章节内容。
　　设置完"Smart Player 选项"页面的相关参数，单击"下一步"按钮，打开视频选项（Video Options）页面。如图 3-77 所示，页面中包括视频信息（Video info）、报告（Reporting）、水印（Watermark）等选项设置。

图3-76　"Smart Player选项"设置

图3-77　"视频选项"页面

当勾选"Include watermark"选项时，可以使用图片或其他视频作为该视频的水印。

继续单击"下一步"按钮，打开"制作视频"页面。如图 3-78 所示，在该页面中设置输出视频文件的名称、存储的位置等。

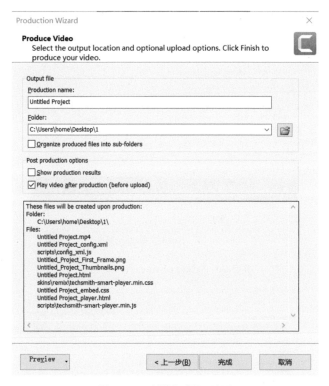

图 3-78 "制作视频"页面

最后，单击"完成"按钮，软件开始对视频进行渲染，最终生成视频文件和文件夹。

第九节 综合案例：制作微课视频

1. 制作片头

【Step1】打开 CS 软件，创建一个新项目，把播放头拖动到时间轴的开始处，选择"库"选项卡，打开"Intros"文件夹，选择"linewipe"，将其拖动到时间轴轨道 1 上，作为视频的片头文件。

【Step2】在"linewipe"属性窗口中，设置 Title 为"Flash 动画制作"、Subtitle

为"多媒体技术 --"，删除"Subtitle"。

2．导入 PPT

【**Step1**】单击"媒体"选项卡打开媒体窗口，在窗口中单击"导入媒体"按钮，把演示文稿导入到"媒体箱"中。

【**Step2**】把"媒体箱"中 PPT 对应的 4 张图片按顺序依次添加到轨道 1 片头文件后面，并将该轨道锁定。

3．录制语音旁白

【**Step1**】把播放头拖动到 0:00:17;25 处，选择"语音旁白"选项卡，打开"语音旁白"窗口，在音频输入设备的下拉列表框中选择"麦克风"，同时单击"自动调节"按钮，勾选"录制过程中静音时间轴"选项。

【**Step2**】打开文档，选择全部文本，按【Ctrl+C】进行复制，返回 CS 软件中，按【Ctrl+V】把文本粘贴于"语音旁白"窗口中的文本框中。

【**Step3**】单击"开始从麦克风录制"按钮，根据文本框中的讲解文本进行朗读，讲解完成后单击"停止"按钮，打开"将旁白另存为"窗口，把音频文件保存，同时把音频加载到轨道 2 上。

【**Step4**】选择轨道 2 上的音频，选择"音频效果"选项卡，打开"音频效果"窗口，把"降噪"效果拖拽到轨道 2 的音频上，此时轨道 2 的音频上就添加了"降噪"效果条。

【**Step5**】在"降噪"属性面板中设置灵敏度值为 1，量值为 20，然后单击"分析"按钮，完成音频的降噪。

【**Step6**】选中轨道 1，根据轨道 2 上的音频，调整每一张幻灯片图片的播放时长与对应的音频同步。

4．添加字幕

【**Step1**】把播放头定位于 0:00:17;25 处，打开文档，选择文本中的第 1 句话进行复制，返回 CS 软件中。

【**Step2**】选择"字幕"选项卡，打开"字幕"窗口，单击"添加字幕"按钮，把文本粘贴于"字幕"窗口的文本框中。

【**Step3**】选择轨道上的字幕，调整字幕播放时长，使其与音频、画面完全同步。

【**Step4**】重复以上步骤，为整个视频添加字幕。

5．添加转场

【**Step1**】选中轨道 1，选择"转场"选项卡，打开"转场"窗口，把"圈伸展"

效果用鼠标拖动到第 1 张幻灯片图片与第 2 张幻灯片之间。用同样的方法把"翻页""折叠"效果分别拖到第 2 张与第 3 张、第 3 张与第 4 张幻灯片之间。

【Step2】在轨道 1 上，把鼠标移动到第 1 张幻灯片与第 2 张幻灯片所添加的转场效果上，当鼠标指针变为双向箭头时，按住鼠标左键拖动调整转场的播放持续时间为 2s。用同样的方法调整其他 2 个转场效果的播放时间均为 2s。

6. 生成视频

视频编辑完成后，单击 CS 软件工具栏上的"分享"按钮→选择"自定义生成设置"，根据提示进行下一步操作，完成视频的渲染。

第四章

Audition CC 2019
音频编辑

Audition 是美国 Adobe 公司旗下的一款专业的音频编辑软件，提供了高级混音编辑控制和特效处理能力，主要包括录音、混音、音频编辑、效果处理、清除噪声、音频压缩等功能，允许用户编辑个性化的音频文件。

本章以 Audition CC 2019 进行演示讲解。

Audition CC 提供了三种专业的视图，即波形视图、多轨视图与 CD 视图，分别针对音频的单轨编辑、多轨合成与 CD 音频制作。波形视图下的窗口界面如图 4-1 所示。

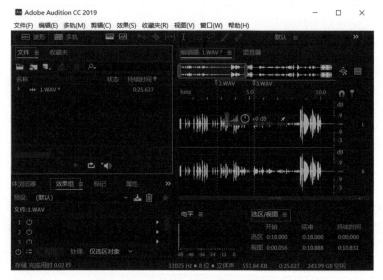

图4-1　波形视图下的Audition窗口

第一节 常见音频格式

数字音频是用来表示声音强弱的二进制数据系列，其压缩编码方式决定了数字音频的格式。一般来说，不同的数字音频设备对应着不同的音频文件格式，这些文件格式分为有损压缩格式（如 MP3、RA 等）和无损压缩格式（如 WAV、MIDI 等）。

下面介绍几种常见的音频格式。

1. MP3 格式

MP3 格式诞生于 20 世纪 80 年代的德国，采用 MPEG 有损压缩技术，是目前应用比较广泛的数字音频格式。MP3 格式保持声音的低频部分基本不失真，同时牺牲声音中 12 ~ 16kHz 的高频部分，以换取较小的文件存储量。它的音质接近于 CD，但大小仅为 CD 音频的 1/12，适合于网络传输，缺点是没有版权保护技术。

2. WAV 格式

WAV 格式是 Microsoft 公司开发的一种无损压缩的声音文件格式，被 Windows 平台及其应用程序所支持，目前在计算机上广为流传。WAV 格式支持多种压缩算法，支持多种采样频率、量化位数和声道数，几乎所有的音频软件都可以识别 WAV 格式。它的优点是音质好，与 CD 相差无几，能够重现各种声音，缺点是文件容量太大，不适合长时间记录。

3. CD 格式

CD 格式是目前音质较好的数字音频格式。一个 CD 音频文件是一个 *.cda 文件，这只是一个索引信息，并没有真正的包含声音信息，所以不论 CD 音乐的长短，在电脑上看到的 "*.cda 文件" 都是 44 字节长。

注意：不能直接复制 CD 格式的 *.cda 文件到硬盘上播放，需要使用抓音轨软件把 CD 格式的文件转换成 WAV 等格式的文件才能播放。

标准 CD 格式也就是 44.1K 的采样频率，传输速率为 88K/s，量化位数为 16。近似于无损，音效基本上忠于原声。

4. WMA 格式

WMA 格式（Windows Media Audio）由 Microsoft 公司开发，音质强于 MP3 格式，但数据压缩率更高，一般可以达到 1∶18 左右。WMA 格式不仅可以内置版权保护技术，还支持音频流技术，因此比较适合在网络上使用，使用 Windows Media Player 就可以播放 WMA 音乐。

5．MIDI 格式

MIDI 文件并不是一段录制好的声音，而是记录声音的信息，然后告诉声卡如何再现音乐的一组指令，其播放效果因软硬件的不同而有所差异。*.mid 格式的文件容量小，常用在作曲领域，既可以用作曲软件写出，也可以通过声卡的 MIDI 口把外接音序器演奏的乐曲输入电脑里，制成 *.mid 文件，深受作曲家的喜爱。

6．RealAudio 格式

RealAudio 是一种流媒体音频格式，主要用于网络在线音乐的欣赏和网络广播，目前主要有 *.rm、*.ra 等文件格式。这种格式可以根据用户的不同带宽，提供不同的音频播放质量。在保证低带宽用户享有较好的播放质量的前提下，使高带宽用户获得更好的音质。同时还可以根据网络传输状况的变化，随时调整数据的传输速率，以保证不同用户媒体播放的平滑性。

7．OggVorbis 格式

OggVorbis 格式（*.OGG）是一种新的音频压缩格式，类似于 MP3 等现有的音乐格式，它是完全免费、开放和没有专利限制的。同样位速率 (BitRate) 编码的 OGG 与 MP3 相比听起来更好一些，使用 OGG 文件的显著好处是可以用更小的文件获得优越的声音质量。

第二节　文件基本操作

1．音频文件基本操作

■　新建音频文件

打开菜单"文件"→"新建"→"音频文件"命令，弹出如图 4-2 所示的对话框，选择采样率、声道和位深度等音频属性，单击"确定"按钮。此时编辑器窗口显示出新建文件的空白波形，同时新建文件出现在文件面板中。

■　打开音频文件

打开菜单"文件"→"打开"命令，在弹出的对话框可打开多种类型的音频文件。

■　附加音频

所谓附加音频就是将一个或多个音频按顺序附加在当前打开的音频波形的后面或新建音频文件中。

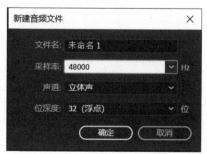

图4-2　"新建音频文件"对话框

注意: 附加音频是在波形视图中进行的。

■ 保存音频文件

在波形视图下可使用菜单"文件"→"保存"或"文件"→"另存为"等命令保存当前音频文件,能够保存的音频文件类型包括多种格式。

2. 会话文件基本操作

■ 新建会话文件

打开菜单"文件"→"新建"→"多轨会话"对话框,如图4-3所示,输入会话文件名称、选择文件保存位置、选择一种文件模板,或自定义文件的采样频率、位深和主控音轨类型,单击"确定"按钮,即可创建一个新的会话文件。

图4-3 "新建多轨会话"对话框

在进行音频合成之前,必须先创建一个会话文件,然后根据需要将音频素材插入到会话文件的相应轨道中进行合成。

■ 在会话中插入音频文件

单击会话文件的一个轨道,并将播放指针定位于要插入音频素材的位置,单击菜单"多轨"→"插入文件"命令,将音频插入到所选轨道的指定位置中,插入的音频会同时出现在"文件"面板中。也可以先将文件导入到"文件"面板上,再单击"文件"面板上的"插入到多轨混音中"按钮,将音频文件插入到所选轨道的指定位置中。

当插入会话轨道的音频文件与会话文件的采样频率不同时,Audition 软件会提示进行重新采样,并生成音频文件的副本,副本文件的品质有可能降低。

■ 保存会话文件

在多轨视图下,使用菜单"文件"→"保存"或"另存为"命令,可以将会话文件保存起来。

在会话文件中仅保存了轨道上素材的插入位置,在素材上添加的效果等数据,本身并不包含音频素材的原始数据,只是一个混音与合成的框架,所以会话文件存储量比较小。

■　导出音频文件

在多轨视图下，使用菜单"文件"→"导出"→"多轨混音"→"整个会话"命令，可以将整个会话文件输出到 *.wav、*.mp3 等格式的音频文件中。

案例　录制歌曲

【Step1】打开"声音设置"对话框，选择"录制"选项卡，右键单击"立体声混音"，在弹出的菜单中选择"设置为默认设备"，如图 4-4 所示。

图4-4　设置录音设备

【Step2】鼠标右键单击"立体声混音"选项，在弹出的快捷菜单中选择"属性"命令，打开"立体声混音 属性"对话框。如图 4-5 所示，在"级别"选项卡中调整录音设备的音量大小（在录制过程中，如果发现音量大小不合适，可以返回这一步重新设置音量大小）。

【Step3】打开 Audition 软件，选择菜单"编辑"→"首选项"→"音频硬件"，打开"首选项"对话框。如图 4-6 所示，确认音频硬件栏的默认输入为"立体声混音"，单击"确定"按钮，关闭对话框。

【Step4】在 Audition 中，单击工具栏左侧的"波形视图"按钮，弹出"新建音频文件"对话框，采用默认设置，单击"确定"按钮，进入波形视图。

图4-5　设置音量大小

图4-6　输入设置

【Step5】在 Audition 的编辑器窗口底部，单击红色的"录制"按钮，开始录音。

【Step6】打开并播放要录制的歌曲。此时，在 Audition 的编辑器窗口中可以看到录制的音频波形。

【Step7】完成录音后，单击编辑器窗口底部的"停止"按钮。

【Step8】选择所录音频开始的静音部分进行删除，单击菜单"文件"→"保存"命令，保存音频文件。

第三节　音频编辑

1. 波形视图下音频的编辑

波形视图又称为单轨视图，用于单个音频文件的编辑修改。操作过程包括：打开音频、修改音频、添加效果、保存音频文件。

音频编辑主要包括波形的选择、复制、剪切、粘贴和删除，以及改变音量大小、淡入淡出设置、静音处理等操作。

■　选择波形

要编辑音频波形，必须先选择对应的音频波形才可以操作，常见方法如下。

（1）在音频波形上双击，可选择波形的可视区域。

（2）在音频波形上三击或选择菜单"编辑"→"选择"→"全选"（或按【Ctrl+A】组合键），可选择整个波形。

（3）在音频波形上按下鼠标左键并左右拖动鼠标，可选择鼠标指针经过区域的波形。

（4）在音频波形的任意位置单击，可取消波形选区。

■　选择声道

在默认设置下，音频的编辑操作同时作用于立体声音频的左右两个声道。有时需要启用其中一个声道，并对其中的波形进行编辑，这时需要先启用单个声道。方法如下。

（1）选择菜单"编辑"→"启用声道"下的"L：左侧""R：右侧""所有声道"命令中的其中一个命令，就相当于启用了对应的声道。

（2）在默认设置下，立体声音频的左右两个声道都是启用的。在编辑器窗口中，对应左右声道波形的右侧有两个按钮，"左声道启用开关"按钮和"右声道启用开关"按钮，在不需要启用的声道开关按钮上单击即可。如图 4-7 所示，为关闭了左声道。

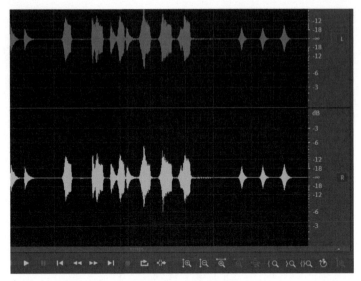

图4-7 关闭左声道

■ 复制、剪切与粘贴音频

复制、剪切与粘贴音频是音频编辑中经常使用的一种操作，方法如下。

（1）首先选择要复制或剪切的音频。

（2）单击鼠标右键，在弹出的菜单中选择"复制"或"剪切"，也可以使用快捷方式【Ctrl+C】或【Ctrl+X】组合键进行操作。

（3）右键菜单中选择"粘贴"命令或按【Ctrl+V】组合键粘贴波形。粘贴前若将播放指针定位于波形的某一位置，则复制或剪切的波形插入到播放指针的右侧，粘贴前若选择了部分波形，则复制或剪切的波形将替换选中的波形。

■ 混合式粘贴

混合粘贴命令可将剪贴板中的波形或其他音频文件的波形（源波形）与当前波形（目标波形）以指定的方式进行混合。如果进行混合的两种波形的格式不同，则在混合粘贴时，源波形将自动转换格式与目标波形一致。

在鼠标右键菜单中选择"混合式粘贴"命令，可以打开"混合式粘贴"对话框，如图4-8所示。

其中各选项的作用如下。

音量：设置混合时待粘贴波形与现有波形的音量大小。

交叉淡化：两种波形混合时，在待粘入波形的首尾添加淡入和淡出效果，右侧数字框用于设置淡入和淡出效果的时间长短。

粘贴类型：选择两种波形的混合方式。

音频源：选择待粘入波形的来源。

循环粘贴：指定粘贴的次数。

图4-8　"混合式粘贴"对话框

■　可视化淡入与淡出

与使用"效果"菜单中的命令进行淡化处理相比，Audition 的可视化淡入和淡出功能控制更为直观高效，操作方法如下。

（1）沿水平方向向内侧拖动淡化控制图标，可进行线性淡化。

（2）向右下 / 右上拖动淡入控制图标，或者向左下 / 左上拖动淡出控制图标，可进行指数或对数淡化，如图 4-9 所示。

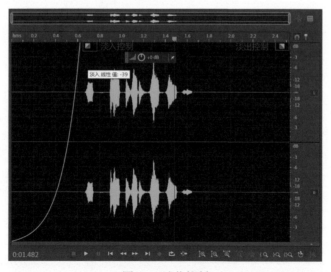

图4-9　淡化控制

（3）按住 Ctrl 键不放，同时向内侧拖动淡化控制图标，可进行余弦淡化。

■ 可视化调整振幅

要可视化调整振幅，需要在波形上方显示出振幅控制图标，方法是单击菜单"视图"→"显示 HUD"命令。

在振幅控制图标上，向上或向右移动鼠标指针，振幅增大。向下或向左移动鼠标指针，振幅减小，如图 4-10 所示。

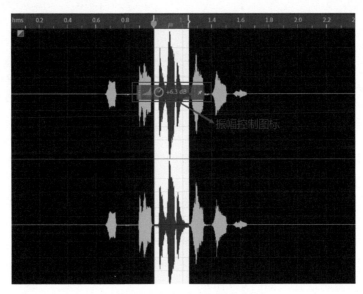

图 4-10　振幅的可视化控制

在存在音频波形的情况下，振幅控制仅对所选波形生效，否则对整个波形都有效。

■ 静音处理

静音就是听不到任何声音，也就是振幅为 0，静音的基本操作如下。

插入静音：将播放指针定位于波形上要插入静音的时间点，选择菜单"编辑"→"插入"→"静音"命令，打开"插入静音"对话框，输入静音的持续时间，单击"确定"按钮即可。

将音频转化为静音：选择要转化为静音的音频波形，在右键快捷菜单中选择"静音"，即可将选区内的音频转化为静音。

2. 多轨视图下的混音与合成

在多轨视图下，可以导入或录制多个音频文件，分别放在不同的轨道上，按照需要进行编辑、添加效果，最终进行输出。

操作过程包括：新建会话文件、导入或录制音频素材文件、编辑素材、添加效果、保存会话源文件、输出混缩音频文件。

■　轨道控制

多轨视图下的轨道包括音频轨道、视频轨道、总音轨、总控制音轨等多种类型。使用鼠标右键单击轨道，在弹出的快捷菜单中可以选择添加不同类型的轨道，如图 4-11 所示。

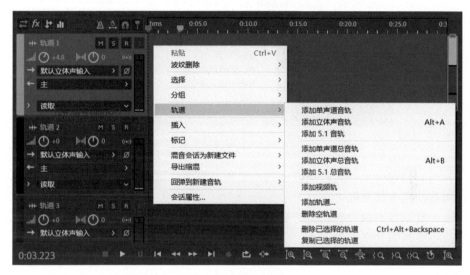

图 4-11　编辑器窗口

删除轨道：如果要删除轨道，用鼠标右键单击该轨道，从弹出的快捷菜单中选择"轨道"→"删除已选择的轨道"命令，即可把轨道删除。

控制轨道输出音量：在编辑器窗口的轨道控制区，拖动音量控制图标可调节音量；也可在音量控制图标的数字标记上单击，直接输入音量大小的数值。

设置轨道静音与独奏：在编辑器窗口的轨道控制区中，单击"静音"开关按钮，可将对应的轨道设置为静音；单击"独奏"开关按钮，可将其他轨道静音，只播放该轨道。

要取消轨道的静音或独奏状态，可再次单击"静音"按钮或"独奏"按钮。

■　素材编辑与管理

在多轨视图的轨道上插入音频素材后，形成一个个素材片段，对这些素材的管理主要包括选择、移动、组合、对齐、复制、删除、剪切、分离与合并等操作。

选择与移动素材：在编辑器窗口中选择"移动工具"，在轨道素材上单击，即可选择单个素材；按住 Ctrl 键单击，可选择多个素材；使用"直接选择工具"，将鼠标指针置于轨道素材上，按下鼠标左键沿水平方向拖动鼠标，可选择该素材上鼠标指针经过的区域。

复制素材：方法一，在编辑器窗口中选择要复制的素材，在右键菜单中选择复制，然后选择目标轨道，在右键菜单中选择粘贴，可将素材粘贴到所选轨道播放指针的右侧。方法二，在编辑器窗口中选择"移动工具"，将鼠标指针置于要复制的素材上，按住鼠标右键，将鼠标移动到目标位置，然后松开鼠标右键，在弹出的快捷菜单中选择相应的复制命令，如图 4-12 所示。

图4-12　右键复制素材

复制到当前位置：进行关联复制。这种方法节约磁盘空间，但若修改源素材文件，所有的副本都将随之更新。

唯一复制到当前位置：进行独立复制。这种方法不节省磁盘空间，源素材文件的修改不会影响到所有的副本。

删除素材：在多轨视图中，选择轨道中需要删除的素材，按 Delete 键即可删除所选轨道素材，此时"文件"面板中仍然保留有被删除素材的原始文件。

音频变速：选择菜单命令"剪辑"→"伸缩"→"启用全局剪辑伸缩"，此时轨道上每个素材的左上角和右上角都会出现一个白色的三角形图标，如图 4-13 所示。将鼠标指针停放在白色三角形图标上变成 形状，左右移动鼠标可对素材进行伸缩变速处理。此时鼠标下方会显示伸缩的百分比，大于 100% 表示减速，小于 100% 表示加速。

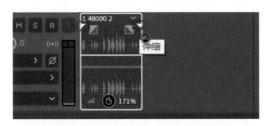

图4-13　启用伸缩模式

如果是在波形视图中，则可以使用菜单命令"效果"→"时间与变调"→"伸缩与变调（处理）"，对音频进行变速处理。

组合素材：将多个轨道素材组合后，可以对它们进行统一的操作与管理。方法：选择要组合的多个素材，选择菜单"剪辑"→"分组"→"将剪辑分组"命令；也可以用鼠标右键单击选中的素材，从弹出的快捷菜单中选择"分组"→"将剪辑分组"命令或直接按【Ctrl+G】组合键。

锁定素材：用鼠标右键单击选择的素材，从弹出的快捷菜单中选择"锁定时间"命令，可将选择的素材锁定，素材一旦锁定就不能再进行编辑修改了。取消选择"锁定时间"命令，可以取消素材的锁定。

分割与合并素材：在编辑器窗口中，使用"时间选择工具"，在轨道素材上选择要分割的部分，用鼠标右键单击所选素材，从弹出的快捷菜单中选择"拆分"命令，即可将素材分割成互不相干的部分，每一部分都可以进行独立编辑。当被分割开的各部分素材片段，按顺序首尾相连的排列在一起后，用鼠标右键单击选择这些素材，从弹出的快捷菜单中选择"合并剪辑"命令，可以将分隔开的素材重新连接在一起。

轨道内重叠素材：在多轨视图的同一轨道上，当通过鼠标拖动使两段音频部分重叠时，在默认设置下，两段音频在重叠部分会出现交叉淡化过渡的效果。在重叠部分的左上角或右上角会显示淡入标记和淡出标记。上下拖动淡化标记，可以可视化的调整过渡曲线。通过水平拖动素材可以改变重叠和过渡的时间。

第四节　音频效果

添加音频效果是音频处理的重要环节。在 Audition 中，使用"效果"菜单、"效果组"面板可以为音频添加多种效果。波形视图下的效果是针对音频素材的，而多轨视图下添加的效果则是针对整个轨道的。

1. 在波形视图下添加效果

■　使用"效果"菜单添加效果

（1）在编辑器窗口中打开音频波形，选择需要添加效果的波形选区（一般情况下，不选或全选，可以为整个音频添加效果，个别效果除外，比如静音）。

（2）在"效果"菜单中选择相应的命令，即可为音频添加效果。此时如果弹出效果对话框，则需要设置对话框中相关的参数，并单击"应用"和"关闭"按钮。

■　使用"效果组"面板添加效果

与使用"效果"菜单为音频添加效果不同的是，"效果组"面板共有 16 个插槽，每个插槽可以加载一个效果，所以可以一次性的为音频添加多种效果。但"效果组"面板不支持处理类效果，也就是后面带有处理字样的效果命令，比如删除静音（处理）、降噪（处理）等。操作方法如下。

（1）选择菜单"窗口"→"效果组"命令，打开"效果组"面板，如图 4-14 所示。

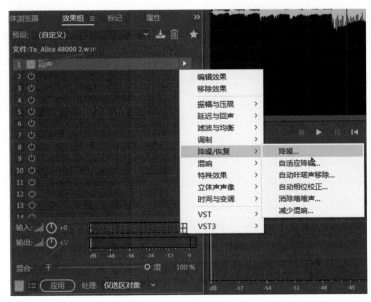

图4-14 "效果组"面板

（2）单击插槽右端的三角形按钮打开"效果"菜单，选择所需效果命令，打开效果对话框。设置对应参数，如图4-15所示为"回声"效果对话框。默认设置下，对话框左下角的"切换开关状态"按钮是打开的，在 Audition 的编辑器窗口中，可以试听当前参数设置的音频效果，满意之后再关闭效果对话框。

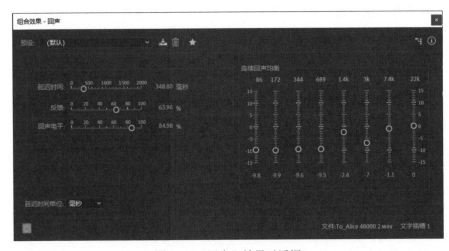

图4-15 "回声"效果对话框

（3）单击"效果组"面板左下角的"应用"按钮，可将效果应用到音频上，同时应用了效果之后的各插槽恢复初始状态，可以重新加载效果。

（4）如果添加的效果不合适，单击插槽右端的三角形按钮，打开"效果"菜单，选择"移除效果"即可。

2．在多轨视图下添加效果

多轨视图下，无论使用"效果"菜单还是"效果组"面板为当前音频轨道添加效果后，效果都会同时出现在编辑器窗口和轨道控制区的效果插槽中。

单击编辑器窗口左上角的"效果"按钮，可以切换到效果控制状态。在轨道控制区向下拖动当前轨道的下边沿，显示轨道效果槽，如图4-16所示。

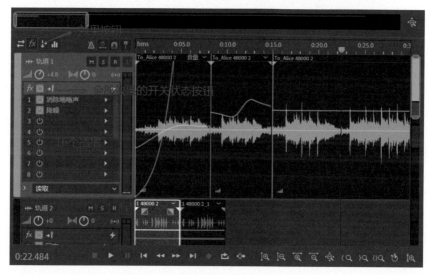

图4-16 多轨视图下给轨道添加效果

与波形视图不同的是，在多轨视图下，"效果组"面板的左下角，无"应用"按钮。使用"效果"菜单打开的"效果"对话框中也有所区别，并且没有"应用"与"关闭"按钮。

在多轨视图下，如果要为轨道上的某个音频添加效果，可双击该音频剪辑，切换到波形视图下，为其添加效果后再返回多轨视图。

案例 编辑歌曲

【Step1】打开 Audition 软件，打开 4.1 案例中录制的歌曲文件。

【Step2】选择菜单"效果"→"降噪 / 恢复"→"降噪"命令，打开"效果 - 降噪"对话框，如图4-17所示。

【Step3】单击对话框左下方的播放按钮，预览默认音效，根据需要调整对话框参数，单击"效果开关"按钮，可以开启或关闭效果，以对比添加效果后的声音与源声。

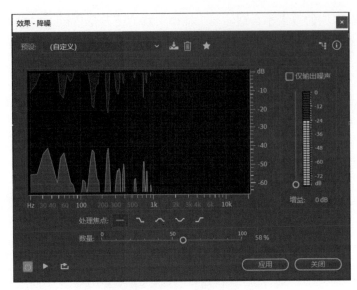

图 4-17 "效果 - 降噪"对话框

【Step4】单击"应用"按钮,将效果添加在当前音频上。按编辑器窗口中的播放按钮或 Space 键进行播放,试听音效。

【Step5】选择音频中结尾的部分,做淡化处理。选择菜单"效果"→"振幅与压限"→"淡化包络处理"命令,弹出"效果 - 淡化包络"对话框。在预设中选择一种合适的效果,按下方的播放键进行试听,满意后单击"应用"和"关闭"按钮,如图 4-18 所示。

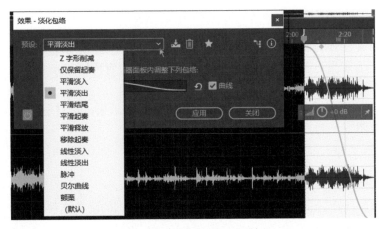

图 4-18 "淡化效果"对话框

【Step6】选择菜单"文件"→"导出"→"文件"命令,选择存储的位置,保存文件。

第五节　视频配音

Audition CC 是一款专业的音频制作与配音软件，可以轻松地实现给视频配音。

1．导入视频

选择菜单"文件"→"导入"→"文件"命令，或单击"文件"面板上的导入文件按钮，可以将 AVI、MPEG、MP4 等类型的视频文件导入到"文件"面板中。如果视频中包含音频，上述操作会生成一个与源文件同名的视频文件，和一个相同名称的音频文件，如图 4-19 所示。

2．将视频插入到轨道中

在多轨视图下，从"文件"面板中选择导入的视频文件，单击"文件"面板上的"插入到多轨混音中"按钮，会弹出如图 4-20 所示的菜单。若选择"新建多轨会话"命令，则将视频文件插入到新建会话的视频轨道中；若选择后面的命令，则可将视频文件插入到已打开会话的视频轨道中。

图4-19　导入视频素材

图4-20　将视频插入轨道

如果不小心关闭了视频面板，可选择菜单"窗口"→"视频"命令将其打开。单击编辑器窗口底部的播放按钮或按 Space 键可以浏览视频效果，如图 4-21 所示。

图4-21　插入的视频

3. 给视频配音

在多轨视图下，将要配音的音频素材插入到音轨中，使用前面讲述的操作方法，对音频进行编辑或添加效果。如果需要对单个音频进行编辑处理，可双击对应的音频素材切换到波形视图中进行编辑。同时，也可以用麦克风实时录音来为视频进行配音。

第六节 CD 刻录

在波形视图下，通过菜单"文件"→"导出"→"将音频刻录到 CD"命令，可将单个音频文件刻录到 CD，如果想一次刻录多个音频文件，可在 CD 视图下完成。操作方法如下。

1. 打开 CD 视图

选择菜单"视图"→"CD 编辑器"或"文件"→"新建 CD 布局"命令，可切换到 CD 视图。

2. 音频插入到 CD 轨道

在 CD 视图中，从"文件"面板中选择要刻录 CD 的音频文件，直接拖动到 CD 列表中生成 CD 轨道，如图 4-22 所示。

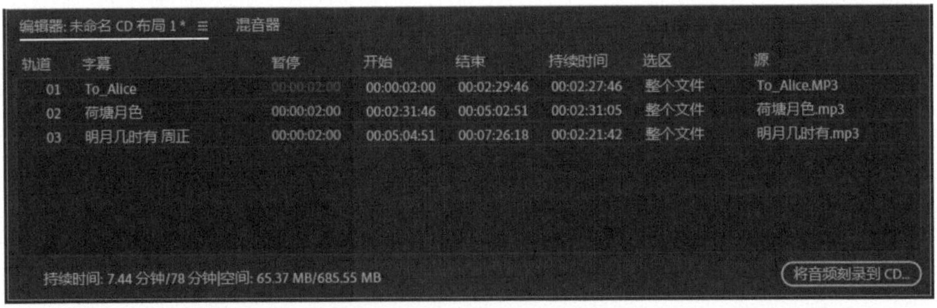

轨道	字幕	暂停	开始	结束	持续时间	选区	源
01	To_Alice	00:00:02:00	00:00:02:00	00:02:29:46	00:02:27:46	整个文件	To_Alice.MP3
02	荷塘月色	00:00:02:00	00:02:31:46	00:05:02:51	00:02:31:05	整个文件	荷塘月色.mp3
03	明月几时有 周正	00:00:02:00	00:05:04:51	00:07:26:18	00:02:21:42	整个文件	明月几时有.mp3

持续时间: 7.44 分钟/78 分钟空间: 65.37 MB/685.55 MB　　　　　将音频刻录到 CD...

图 4-22　将音频拖入 CD 轨道

3. 编辑 CD 列表

■　音轨选择：单击可选择单个音轨，使用 Shift 和 Ctrl 键，单击，可连续或间隔选择多个音轨。

■　音轨排序：通过鼠标上下拖动的方式可改变选中音轨的排列顺序。

■　移除音轨：按 Delete 键，可删除选中的音轨。

4．保存 CD 列表

使用菜单"文件"→"保存"或"另存为"命令，可将 CD 列表中的音轨设置保存为 *.cdlx 格式的文件，必要时可重新打开 CD 布局文件，对其中的音轨列表进行再次编辑。

5．刻录 CD

CD 刻录的方法如下。

■　将空白 CD 光盘插入到 CD 刻录机驱动器中。

■　在 CD 视图中，单击"将音频刻录到CD…"按钮，打开"刻录音频"对话框，设置好相关选项，单击"确定"按钮开始录制。

■　CD 刻录完毕后，从 CD 刻录机驱动器中取出 CD 光盘即可。

CD 音频的格式为 44.1kHz、16bit 和立体声，如果在 CD 列表中插入不同格式的音频文件，刻录时将自动进行格式转换。

第七节　综合案例　多轨混音合成

【Step1】启动 Audition 软件，单击工具栏左侧的多轨视图按钮，弹出"新建多轨会话"对话框，设置相关的参数，如图 4-23 所示，单击"确定"按钮，进入多轨视图。

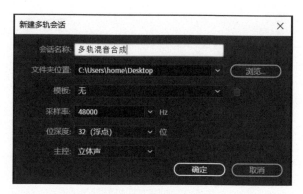

图4-23　参数设置

【Step2】在编辑器窗口中选择轨道 1，将播放指针定位于轨道的起始点，单击鼠标右键，在弹出的菜单中，选择"插入"→"文件"命令，插入素材音频文件。

【Step3】将播放指针定位于轨道的起始点，利用同样的方法在轨道 2 上依次按照顺序，插入素材音频。

【Step4】将播放指针定位于轨道的 0:30 处，选择轨道 3，插入素材音频 3.WAV，然后复制一份到 1:00 处，3 个轨道上的音频如图 4-24 所示。

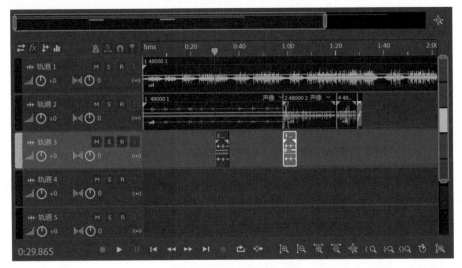

图 4-24　将素材插入轨道

【Step5】选择轨道 1 中时间线 2:00 以后的音频，按 Delete 键删除。

【Step6】选择轨道 1 中时间线 1:50 ～ 2:00 之间的音频，用鼠标拖动右上角淡化控制图标，进行淡出效果设置，如图 4-25 所示。

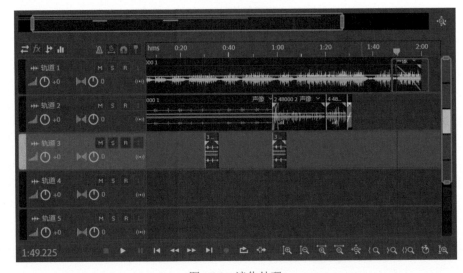

图 4-25　淡化处理

　　【Step7】选择菜单"文件"→"另存为"命令，将文件以"多轨混音合成 .sesx"为文件名保存。选择菜单"文件"→"导出"→"多轨混音"→"整个会话"命令，以"多轨混音合成 _ 缩混 .mp3"为文件名进行导出。

　　【Step8】选择菜单"文件"→"关闭会话及其媒体"关闭项目文件。选择菜单"文件"→"关闭未使用媒体"清除"文件"面板上未使用的文件。

参考文献

[1] 董卫军, 索琦, 邢为民. 多媒体技术基础与实践 [M]. 北京: 清华大学出版社, 2013.

[2] 李建芳. 多媒体技术及应用案例教程 [M]. 北京: 人民邮电出版社, 2015.

[3] 李金明, 李金蓉. 中文版 Photoshop CC 完全自学教程 [M]. 北京: 人民邮电出版社, 2014.

[4] 马克西姆•亚戈. 赵阳光译. Adobe Audition CC 经典教程 [M]. 北京: 人民邮电出版社, 2020.

[5] 陈承欢, 刘颖. Camtasia Studio 制作微视频任务驱动教程 [M]. 北京: 电子工业出版社, 2020.